中译本

Aha! Insight

啊哈！
灵机一动

〔美〕马丁·伽德纳　著

李建臣　　刘正新　译

科学出版社
北　京

图字：01-2006-7052 号

Authorized translation from English language edition, *Aha! Insight, Aha! Gotcha*，
©2006 by Martin Gardner. All rights reserved. This translation is authorized by the
American Mathematical Society and published under license by China Science
Publishing & Media Ltd. (Science Press).

图书在版编目(CIP)数据

啊哈！灵机一动／(美) 伽德纳 (Gardner, M) 著；李建臣，刘正新译.
—北京：科学出版社，2007
(20 世纪科普经典特藏)
ISBN 978-7-03-019586-9

Ⅰ. 啊… Ⅱ.①伽… ②李…③刘… Ⅲ. 数学–普及读物 Ⅳ.01–49

中国版本图书馆 CIP 数据核字 (2007) 第 123691 号

责任编辑：胡升华 郝建华／责任校对：李奕萱
责任印制：霍 兵／封面设计：黄华斌

科 学 出 版 社 出版
北京东黄城根北街 16 号
邮政编码：100717
http://www.sciencep.com
三河市骏杰印刷有限公司印刷

科学出版社发行 各地新华书店经销
*
2007 年 8 月第 一 版 开本：B5 (720×1000)
2024 年 8 月第三十七次印刷 印张：16 1/2
字数：332 000
定价：**49.00 元**
(如有印装质量问题，我社负责调换)

Preface

I am delighted to have Aha! Insight made available to Chinese readers. The book was originally published as the instruction text for a boxed set of filmstrips intended as teaching aids for high school students. W. H. Freeman, a firm owned by Scientific American, produced the strips at a time when I was writing a column on recreational mathematics for the magazine.

Filmstrips were then slowly being replaced by video tapes, which today are in turn giving way to DVDs. Freeman decided to distribute the instruction book to bookstores to sell without the accompanmying filmstrip. The book went through many reprintings.

It was a Canadian mathematics teacher, Robert Tappay, who proposed to Scientific American the project of producing the filmstrip. The book's title was his, and he played a key role in shaping the book's content. Credit also should go to another Canadian, Jim Gen, who did the book's amusing illustrations.

My special gratitude goes to Mr Li Jianchen, Ms Liu Zhengxin and Ms Li Mengshu, who presented a good translation to Chinese readers.

I would be pleased to hear from any Chinese reader who may have corrections or additions to suggest for a possible new edition, though I cannot promise to answer every letter. I can be reached at the address below.

Martin Gardner

Martin Gardner
Windsor Gardens
750 Canadian Trails
Norman, Oklahoma, 73072, USA.

中文版序

很高兴这本《啊哈，灵机一动》能与中国读者见面。这本书的形成，最初源自我为《科学美国人》杂志"趣味数学"专栏撰写的系列文稿。后来，该杂志社所属的 W. H. 福尔曼公司为了出版一套给中学生使用的数学辅导读物，便把我的这些专栏文稿汇编成册，并且制作了配套使用的教学磁带。

随着时代的发展，录音带、录像带、DVD 等多媒体形式不断推陈出新，而另一方面，人们又觉得这本书实际上可以脱离多媒体的配合单独发行。于是福尔曼公司便适时推出了该书单行本，得到了满意的市场效果，因此该书多次修订再版。

首先向《科学美国人》提出以磁带与书配套使用的，是加拿大数学教师罗勃特·泰佩。是他为本书取了现在的书名，且在这本书内容的修改和完善方面也做出了重要贡献。同样需要表示感谢的，是另一位加拿大人吉姆·金先生，是他为本书配上了精妙的插图。

特别要提出感谢的是李建臣先生、刘正新女士和李梦姝女士，是他们把这本书介绍给了中国读者。

尽管我很难做到对每一封信给予回复，但我还是期待能够收到中国读者的来信，真心希望读者能够对这本书提出批评和指正的意见，以便再版时改进。读者可以按照如下地址与我联系。

Martin Gardner
Windsor Gardens
750 Canadian Trails
Norman，Oklahoma 73072，USA

前　言

创造性行为很少出自逻辑与推理，惊人的想法每每不期而至，因而数学家们常说灵感之产生与你正在做什么全然无关。也许你在旅行，也许你在刮胡子，或者在随便想着什么，灵感却突然产生。创造性过程并不因你美好的愿望而闪现，亦不垂青你崇高的奉献精神。实际上，在你的精神充分放松、你的思维自由翱翔时，灵感女神或许已悄然扣动着你未启的心扉。

——马利斯·克莱恩

实验心理学家们常常提到一位教授做过的关于测试大猩猩解决问题能力的一次实验。一只香蕉被挂在天花板的中央，其高度是猩猩跳起来也不能拿到。屋子里除了在墙边放着几个木箱外没有其他任何东西。实验的目的是要看猩猩能否想到把木箱码到屋子中央，然后攀登上去摘到香蕉。

被测试的猩猩默默地萎缩在角落里，沮丧地望着心理学家来回忙碌摆放木箱。当这位教授经过屋子正中央的时候，猩猩突然一跃而起，迅速跃上教授的肩膀，然后向上一跳，抓走了香蕉。

这一有趣的实验寓意在于：一个貌似复杂的问题，有时解决的办法可能出乎意料地简单。在这个实验中，猩猩的做法不过是靠它的直觉以及以往的经验，但此做法却令我们的教授始料不及。

数学的核心问题就是无终止地探求简单而再简单的方法，去证明各种理论，去解决各种问题。常常有这样的事例：一个理论的最初证明需写出 50 多页厚的一大本，其中充满了严密的推理；几年以后另外的数学家——也许名不见经传——却突发奇想，寥寥数行就给出了清楚而科学的证明。

这种瞬间闪光的妙想，心理学家称之为"啊哈反应"（aha!

reactions）（即灵感）。它们看起来确乎鬼使神差。有一个很有名的故事，说的是爱尔兰数学家威廉·朗万·汉密尔顿在散步经过石桥时突然发明了"四元数"的事情。他当时奇妙的想法使他忽然认识到，一个代数系统不一定要满足交换律。他兴奋得不知所措，当即把这些基本公式刻在了石桥上，据说这块刻有公式的石头一直留存至今。

　　瞬间的妙想在一个创造性的头脑中究竟起什么作用？恐怕没人能说得很清楚。它的确是一个不可思议的过程，没有人能把它从头脑中捕捉出来送进计算机里，而计算机解决问题必须是按照事先给定的程序机械地一步一步地去做。计算机的应用价值也仅仅是计算速度快得惊人——可以迅速解决一个数学家需不停地计算几千年才可能解决的问题。

　　灵感，是一种思维的创造性飞跃，其外在表现有时是瞬间闪现出解决问题的最佳途径，它与一般意义上的智慧是有很大差别的。最近的研究表明，那些经常产生灵感的人，其智力水平大都近于中等，间或有人智力超常，其灵感与智力之间亦无必然联系。通过水平测试我们可以看到，一个人的智商可能相当高，但产生灵感的能力却很低；反之，有的人在许多方面的表现并不出色，但这并不排斥他可能妙招迭出。例如爱因斯坦，他对经典数学并不很熟练，他在中学及大学中的成绩亦很平平，但是，相对论却恰恰在这样的头脑中诞生，其意义之深远足以彻底改变整个传统物理学的基础。

　　本书中我们精选了一些貌似复杂，实际上你如果真循规蹈矩地去解决，也确实很困难的问题。但如果你能放开思路，跳出常规解题的模式，或许能蓦然发现问题的答案何其简单。如果开卷伊始你就遇到了拦路虎，请不要气馁，不要匆忙去看书后的答案，而要尽自己最大努力来解决问题。不需很久你就会得其要领，领会其中要旨，把握其中非常规的思维脉搏，这时你会惊奇地发现你的灵感不断涌现，你会深有感触地意识到在处理日常生活中种种事情时，你可能也会妙招迭出。比如你要拧紧一个螺丝，一定需要一把起子吗？随手用一个硬币如何？

　　用本书的问题来考考你的朋友或许会给你带来极大的乐趣。一般情况下，他们会苦思冥想不得其解，最终知难而退。这时你告诉他简单的解答，他们往往会瞠目结舌，继而哑然失笑。为什么会笑？心理学家的解释亦不肯定，不过对创造性思维的研究可以显示一点，即创造能力与幽默并非无缘。或许一些奇思妙想与人的精神愉快有关。能够创造性地解决问题的人似乎是这一类人：他们喜欢向问题提出挑战，就像有的人着迷于棒球或象棋比赛一样，闲暇游玩的愉悦形成了灵感产生的氛围。

想法的奇妙与思维的敏捷没有必然联系。一个思维慢的人对某个问题的着迷程度并不逊色于一个思维快的人，甚至完全有可能在解决问题时想法更奇妙。轻而易举地解决了问题所带来的喜悦会促使一个人回过头来重新考虑常规的解题思路。本书愿为任何读者服务，但更偏爱那些富有幽默感、理解能力超群的人。

这里谈到的奇思妙想，与科学、艺术、商业、政治及其他人类所从事各项活动的任何领域中的创造力有着密不可分的联系。科学史上的每一次伟大革命几乎都是不囿常规的直觉飞跃的产物。倘若不是宇宙万物无休止地向我们提出各种困惑，科学何以存在？大自然母亲创造了许多有趣的现象，然后向那些科学家们提出了挑战，要求他们解释其所以然。在很多情况下，答案并非要在不断重复的试验中去寻找，像托马斯·爱迪生寻找电灯的灯丝那样，甚至也不需要依据有关理论知识去推演。在许多情况下，答案完全出自 Eureka（偶然）。实际上 Eureka 一词出自古希腊的一则典故，故事说的是阿基米德在浴盆中解决了一个有关皇冠的问题。传说当时阿基米德极度兴奋，跳出浴盆赤条条地跑到了街上高喊"Eureka! Eureka!"。

本书中我们把精选的问题分成了六类：组合、几何、数字、逻辑、程序以及文字。每一类内容都比较宽泛，不同类之间的交叉亦无法避免。有时在这一类中讨论的问题，在下一类中的某个地方可能还会触及。对每一个问题我们都力争从一个有趣的故事出发，围绕着这个故事引发开去，使你在兴致勃勃中解决问题。这样做的目的是想通过情绪的协调来激发你超常的思维。希望你在处理每一个新问题时，不管这个问题多么稀奇古怪，不要花费许多不必要的时间在一个思路上钻牛角尖，要从多个不同的角度去考虑。

每一个问题都配有由加拿大画家吉姆·格林先生绘制的简明示意

图，问题之后还附有说明。这些说明使问题逐步深入，其中很多说明会把你带入五光十色、扑朔迷离的现代数学王国。在有些地方，我们还特别指出某些问题至今尚无定论。

我们将尽力在叙述问题的过程中给你一点小小的提示，考虑问题的思路常循着以下几个角度：

1. 这个问题能否被简化为更简单的形式？

2. 能否不改变问题的实质而只在形式上做些变通，使之简明易解？

3. 你本人能不能发明一种简单算法去解决它？

4. 能否把数学领域中别的分支理论应用到这个问题中来？

5. 你能举出正反两方面的例子来验证这个问题的结论吗？

6. 题中给出的已知条件是否都与要求的结论有关？是否有些已知条件反倒把你的思路引向歧途？

目前，计算机的应用日益广泛，已遍及数学王国的每个角落，人们对计算机的依赖也愈加强烈。计算机根据你给它编定的程序工作，大量反复的机械运算，它可能几秒钟就完成了。但你编一个合适的程序并把它输入计算机，恐怕总要花去几小时甚至几天的时间吧？有时艰苦的编程过程恰恰引发了你奇思妙想的灵感。靠这种天助的灵感，也许你根本不必再编什么程序，轻而易举就解决了问题，这并不是不可能的事情。

一味依赖计算机，人的聪明才智就会消失，人的创造能力也将泯灭，这岂不是人类的悲哀？本书的主旨正是要训练你的创造性思维，提高你巧解问题的能力。

目　　录

❶组合

关于排列的
谜题

组合分析，或者说组合数学，是研究如何对事物进行排列的。用稍为专业性的语言来表述，组合分析是将诸元素按不同的规则和特性组合为集合的研究方法。

例如，本章第一个问题是关于不同颜色的球的分组方法。这个问题要求读者按某一特性找到彩球的最小集合。第二个问题是关于参赛者按图表以淘汰制分组的方法——这是计算机科学中与数据分类有关的问题。

组合分析通常要找到根据某种规则进行分组的全部组合的总数。如所谓"穷举问题"在苏珊上学路径中的应用，在这个问题上，组合的元素是由方格的边组成的路径中的线段，由于涉及几何图形，我们称其为组合几何。

每个数学分支都有其组合问题，你将在本书各节中找到它们。有组合算术，组合拓扑，组合逻辑，组合集合论——甚至组合语言，这将在关于字、词、句的谜题一章看到。组合数学在概率论中尤为重要，在建立一个概率公式之前必须列出所有事件所有可能的组合。有一本著名的概率问题集叫作"机会与选择"，题目中"机会"这个词指的就是组合因素。

我们第一个问题就涉及概率，因为它要找出彩色糖球能确保（概率为 1）满足某种特定要求的排列方式，文中讲述到，从计算元素的组合方式数的简单问题出发，可以引出许多概率问题。在"苏珊上学路径问题"中，可以看到帕斯卡三角在初等概率问题中的应用。

对于一个给定的组合问题符合要求的组合方式可能没有，可能只有一种，也可能有几种或无数种。例如，没有一种两个奇数的组合能使这两个奇数的和仍是奇数。只有一种两个质数的组合，使得这两个质数的积是 21，满足两个正整数的和是 7 的组合有三种，有无限多种两个偶数的组合使得它们的和仍是偶数。

在组合理论中要找到"不可能事件"，即没有满足要求的组合，往往是极其困难的。例如，直到最近才证明地图的绘制不需要五种颜色，这在组合拓扑中曾是一个著名的长期未能解决的难题，这个不可能证明需要庞杂的计算机程序。

另一方面，许多初看很难证明其不可能性的组合问题，在找到某个"窍门"之后却很容易证明。在"瓷砖铺地"问题中，我们看到简单的奇偶检验就可证明用其他方式很难证明的组合的不可能性。

第二个关于药品混淆问题把组合思想与各种不同进位制的算术结合起来。我们看到，数的本身及其在位置计数法中的表示方式都决定于组合规则。事实上，一切演绎推理，无论是数学的还是纯逻辑的，都可看作是按某一系统的规则处理一串符号的组合。这就是为什么17世纪组合学的创始人莱布尼茨称演绎推理为组合的艺术。

糖球问题

琼斯太太路过一个口香糖球售货机时，想尽快地走过去，以免她的双胞胎孩子看到糖球。

第一个孩子：妈，我想要口香糖球。

第二个孩子：妈，我也要，我要和比利一样颜色的。

糖球售货机差不多空了，无法确定下一个出来的糖球是什么颜色，琼斯太太要想得到两个同样的糖球，她必须准备花多少钱？

琼斯太太可以花6角钱买2个红球——其中4角钱买所有白球，另2角钱买一对红球；或者花8角钱买2个白球。所以她必须准备8角钱，对吗？

当然不对。如果头两个球颜色不一样，那么第三个球必与前两个球中的一个颜色相同，所以3角钱就足够了。

现在假设售货机中有6个红球，4个白球，5个蓝球，你能算出琼斯太太需花多少钱才能保证买到一对同样颜色的球吗？

4角钱？你算对了。现在请你再思考一下，如果史密斯太太带着她的三胞胎从同一个口香糖球售货机旁走过，情况又会怎样？

这次售货机中有6个红糖球，4个白糖球和1个蓝糖球，史密斯太太要花多少钱才能保证买到3个颜色一样的糖球？

需要多少钱

第二个糖球问题实际上只是第一个糖球问题稍加变化而已，可以用同样的思路来解决。在这个问题中，取头 3 个球时，可能得到 3 种不同的颜色——红色、白色和蓝色。这是一种最糟糕的情况，即达到目的前抽取的次数最多，不过第四个球一定与前 3 个球中的 1 个相同。所以只要买 4 个球必能得到相同的 2 个球，琼斯太太要准备 4 角钱。

显然，这一情形可以推广：对于 n 组球，每组 1 种颜色，要想得到 2 个同样颜色的球，只要买 $n+1$ 个球即可。

第三个问题比较难一些，史密斯太太的孩子是三胞胎而不是双胞胎，售货机中有 6 个红球，4 个白球和 1 个蓝球，她得花多少钱才能买到 3 个同样颜色的球？

同上，我们首先要考虑最坏的情形，即史密斯太太先买到 2 个红球，2 个白球和 1 个唯一的蓝球，总共 5 个球，那么，第 6 个球肯定是红球或白球。所以要使三胞胎都得到同样颜色的球，答案是 6 角钱。假如蓝球不止 1 个，就有可能每种颜色先抽出 2 个，那么第 7 个球就能满足三胞胎的要求。

噢！这里的关键在于搞清楚"最坏情形"的长度。如果我们采用笨办法给这 11 个球标上字母，然后检查字母所有可能排出的序列，看看哪个序列在出现 3 个同色球之前的部分序列是最长的。但是，这种解决办法需列出 11! =39 316 800 种排列，即使同样颜色的球不使用相同的字母来区分，也要列出 2 310 种排列。

总之，要抽取 k 个同色球的方法如下：有 n 组球（每组 1 个颜色，每组至少 k 个），那么要得到 k 个同色球必须抽取 $n(k-1)+1$ 个球。如果一组球或多组球的球数少于 k 个，情况又会怎样？请你不妨研究一下，那是颇有趣味的。

这类问题的模式也可以通过许多别的方式构造出来。例如，你要从 52 张牌中抽取 7 张同花色的牌，要抽几次？这里 $n=4$，$k=7$，根据公式，给出的答案是 4(7-1)+1=25。

尽管这是些简单的组合问题，却可以从中引出有趣而复杂的概率问题。比如，让你抽取 n 张牌（n 在 7～24 之间），每次抽取后不再放回，请问抽到 7 张同花色的概率是多少？（显然，假如抽的张数小于 7，概率为 0，如抽取 25 张以上，概率为 1。）如果抽取的牌都放回，经洗牌后再抽，那么概率有何变化？还有更难的问题是：每次抽取的牌放回或不放回，若要抽得 k 张同花色牌，问抽牌次数的期望值（多次重复试验抽牌次数的平均值）是多大呢？

乒乓球赛问题

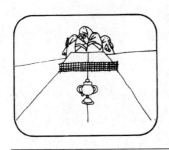

米拉德·费尔默中学乒乓球俱乐部的 5 名成员决定举办一次淘汰赛。

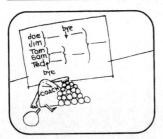

教练解释他的比赛场次安排。

教练：由于 5 是一个奇数，所以第一轮比赛会有 1 名队员轮空。第二轮比赛仍有 1 个队员轮空，共需比赛 4 场。

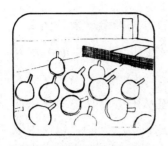

第二年，乒乓球运动盛行，俱乐部已拥有 37 名成员。教练还是按轮空次数尽可能最少来安排比赛，你能算出要比赛多少场吗？

你还没算出来吗？你是在画表吗？有没有悟出窍门？每场比赛淘汰 1 名队员，有 36 名队员将被淘汰，所以要比赛 36 场，对吗？

有几人轮空

如果你想用直观的方法解决这个问题，你可以实际画一下 37 个人实际的比赛表。你可以看到无论怎样画，总有 4 人轮空。轮空数是参赛人数 n 的函数，怎样来计算这个数呢？

给定了 n，可按如下方法确定轮空数。从等于或大于 n 的 2 的最小指数幂中，减去 n，将其差用二进制数表示。二进制表达式中 1 的个数就是轮空数。在我们的例子中，我们用 64（2^6）减去 37 得到 27，用二进制数表示为 27=11 011，有 4 个 1，所以比赛中共有 4 个轮空。证明这一奇妙算法的正确性可作为一个有趣的练习。

这个问题所描述的比赛类型称为淘汰赛。它对应于计算机专家们使用的一种算法，即通过两两比较，确定一个有 n 个元素的集合中的最大元素。我们看到要确定最大值，实际需要 $n-1$ 次比较，计算机处理器还可以对 3 个、4 个、5 个一组进行比较。

数据处理这个问题在计算机理论和应用上都非常重要，有许多书专门阐述这个问题。需要应用数据处理的办法来解决的实际问题在现实生活中随处可见。在科技、商业和工业方面使用的计算机，花费在数据处理问题上的计算时间，估计要占计算机运行时间的 1/4。

奎伯的杯子问题

巴尼在饮食店工作，他给两位顾客表演 10 个杯子的游戏。

巴尼：这里有 10 个杯子排成一行，前 5 个杯子装满可乐，后 5 个杯子空着，你能挪动 4 个杯子，使满杯和空杯相间地排列吗？

巴尼：好，只需把第 2 个杯子和第 7 个杯子交换位置，第 4 个杯子和第 9 个杯子交换位置就行了。

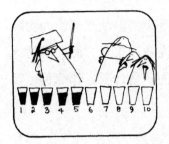

奎伯教授是一个经常有些奇特想法的人，碰巧听到了这个问题。

奎伯教授：为什么要挪动 4 个杯子，只动 2 个杯子不行吗？

奎伯教授：很简单嘛！把第 2 个杯子中的可乐倒进第 7 个杯子中，把第 4 个杯子中的可乐倒进第 9 个杯子中就行了。

不寻常的奎伯

尽管奎伯教授利用对"挪动"一词的不同理解而巧妙地解决了这个问题，但本原的问题并不像这个问题这么简单。例如，同样的问题，如果是 100 个满杯和 100 个空杯，需要对调多少次才能使满杯和空杯相间地排列？

用 200 个杯子做实验不很实际，我们不妨首先分析 n 较小时的情况，这里 n 是满杯（或空杯）数。你可以用两种颜色的记号来解题（或者牌的正反面、硬币的正反面、不同面值的硬币等）。当 $n=1$ 时无须移动。$n=2$ 时，显然只需对调一次。$n=3$ 时，也只要对调一次。进一步尝试，你会发现一个简单的公式：当 n 是偶数时，对调次数为 $n/2$；n 是奇数时，对调次数为 $(n-1)/2$。所以，如果是 100 个满杯和 100 个空杯，需要对调 50 次。

这需要移动 100 个杯子，奎伯的幽默做法把移动杯子数减少了一半。

还有一个类似的古典问题，但比较难解。有 n 个同一类型的物体与紧接着的 n 个另一类型的物体排成一列（如上面用玻璃杯、记号、牌等来表示），还是要求把这一排列变为两类物体相间的排列状态，但我们移动的规则不同了。只准把任意一对相邻的物体移动到队列中的空白处，且移动中不能改变这两个物体的顺序。

例如，当 $n=3$ 时，移动过程如下：

X X X ○ ○ ○

  X ○ ○ ○ X X

  X ○ ○   X ○X

      ○X   ○X   ○X

一般的解法如何呢？当 $n=1$ 时是平凡的。你很快地会发现，当 $n=2$ 时无解。当 $n>2$ 时，最小的移动次数是 n。

当 $n \geqslant 3$ 时，你能把解题方法用公式表达出来。当 $n=4$ 时，解决这个问题就很不易，但很有趣，你不妨一试。或许你把这些问题稍加变化，可以产生一系列其他的问题：

（1）规则同前，只是当你移动一对物体时，如果是不同颜色的，请在移动前交换它们的位置。即若是黑红对，在移动前将它们变为红黑对。这样，8 个物体移动 5 次可以完成，10 个物体移动 5 次也可以完成。我们还没有找到这个问题的一般解法，或许你能找到。

（2）规则和原题一样，只是一种颜色的物体有 n 个，另一种颜色的物体有 $n+1$ 个，并且只有颜色不同的一对才能移动。可以证明：无论 n 为何值，都需移动 n^2 次[①]，且这是最少的移动次数。

（3）三种不同颜色的物体，移动每对相邻的物体，使三种颜色的物体依次相间地排列，如果 $n=3$（即总共 9 个物体）需移 5

_____

[①] 原文如此，疑有误，实际答案似为 n。——译注

次。在上述移动中，我们要求变化到最后排列时排列中没有空隙，如果允许空隙存在，移动 4 次就能得到所要求的结果。

类似的变化还能引出许多问题，但据我们所知，这些问题迄今还没有人提出来，更不必说解决了。比如，在上述的变化中，一次移动 3 个或更多相邻物体，情况会如何。

还有，如果先移动 1 个物体，再移动 2 个相邻的物体，接下来是 3 个以至 4 个等。已知各有 n 个两种颜色的物体，移动 n 次能解决问题吗？

复杂的路

苏珊有一个问题，她上学时总遇到斯蒂克。
斯蒂克：喂，苏珊，我和你一起走好吗？
苏珊：讨厌，走开。

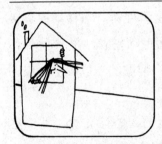

苏珊：我有主意了，我每天早上上学都走不同的路，斯蒂克就见不到我了。

这个图表示苏珊家和学校间的所有街道，苏珊上学的这条路不是向东就是向南。

这是苏珊上学可选择的另一条路，那么她到底有多少条路可供选择呢？

苏珊：我想知道我到底能走几条路，这看起来很难算。嗨！一点儿也不难，太简单了！苏珊想到什么办法了？

苏珊：在我家所在的角点标上 1，因为只有一种方式选择起点。再在与这个角点相邻的两个角点上标上 1，因为只有 1 条路能到达这两个角点。

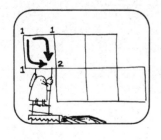

苏珊：现在我把 2 标在这个角点上，因为我能通过两条路到达这里。

当苏珊意识到 2 是 1 加 1 之和时，她突然想到，若到某一角点仅有一条路径时，则该角点上标的数字与前一角点上的数字应相同；若有两条路径时，则该角点上标的数字一定是能到达这个角点的两相邻角点上数字之和。

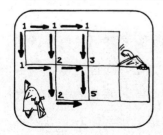

苏珊：已经标出了几个角点的数字，我马上就会标出其他角点上的数字。

你能为苏珊在其他角点标上数字，并告诉她上学可以有多少条不同的路线吗？

13

多少条路

　　剩下的 5 个角点，从上至下，从左到右应标上 1、4、9、4 和 13。最后一个角点的 13 表示苏珊去学校有 13 条不同的最短路径。

　　苏珊的发现的确是计算她上学的最短路径数的简单快捷的算法。如果她先画出所有路径再数它们，那就太繁杂了，而且当街道网络量很大时也是根本办不到的。当你实际画一下 13 条路径时，你会更好地体会到这种算法的有效性。

　　为了检验你对这种算法的理解程度，你可以试着画一下其他几种街道网络，并应用这种算法确定从任意顶点 A 到任意顶点 B 的最短路径数。图 1-1 给了这种类型的四个问题。他们也可用其他方法求解，例如使用组合公式，但是这种方法太复杂了。

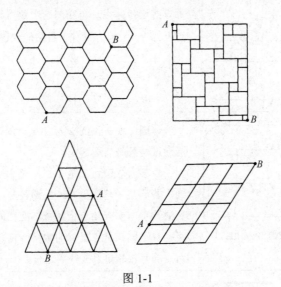

图 1-1

　　国际象棋中的"车"从棋盘的一角到达对角线另一角的最短路径数是多少呢？应用苏珊为街道标号的方法，通过为每个棋格标号很快就可解决。因为"车"只能沿两个互相垂直的方向（水平和垂直）移动，所以最短路径只能限制每一步都向右上方的目标移动。如图 1-2 所示，整个棋盘都已作出标记，根据标号我们马上可以算出从起始方格到盘上任何其他方格的最短路径数。右上角方格中的数字是 3432，所以"车"从一角到对角线另一角的最短路径数是 3432 条。

1	8	36	120	330	792	1716	3432
1	7	28	84	210	462	924	1716
1	6	21	56	126	252	462	792
1	5	15	35	70	126	210	330
1	4	10	20	35	56	84	120
1	3	6	10	15	21	28	36
1	2	3	4	5	6	7	8
♖	1	1	1	1	1	1	1

图 1-2

把棋盘沿对角线一分为二，然后转动成为图 1-3 所示的三角形。底排各方格中的数字就是从顶点到底排各方格的最短路径数。这个三角形的标号数字和著名的帕斯卡三角[①]中的数字是相等的。这种从顶到底最短路径数的算法，恰恰是帕斯卡三角构造的依据，这种异曲同工的效果，正是帕斯卡三角的迷人之处。

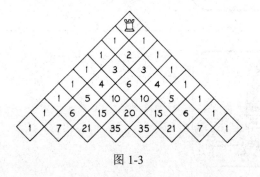

图 1-3

---

① 中国人称这个三角为杨辉三角，它是中国南宋数学家杨辉发现的。——译注

　　由帕斯卡三角马上就可以得到二项式展开式中各项的系数，还可以解决初等概率中的一些问题。注意图1-3中从三角形顶端到底部，外边方格中数字都是1，越往中心数字越大，或许你见到过一种按帕斯卡三角形原理构造的装置，在一块倾斜的木板上，成百个小球沿着钉在木板上的小钉所形成的道路滚入板底各栏，这些球精确地排列成一条钟形的二项分布曲线，这是因为进入每个口的最短路径数都是二项式展开式的系数。

　　显然，苏珊的算法同样适用于由直角平行六面体组成的三维网格，设想有一个边长为3的立方体，被分成了27个单方立方体，把它看作一个"棋盘"，处于一个角顶网格中的"车"，每步可以沿三个坐标轴的任何一个的正方向向前移动一格。试问，"车"到达空间对角线上另一角顶网格的最短路径数是多少？

混淆的婴儿

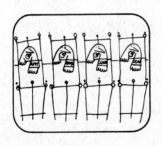

　　某医院有4名婴儿的身份卡被弄混了，两名婴儿的卡是对的，另外两名是错的，发生这种错误的方式能有多少种？

　　解决这个问题的简便方法就是把所有可能的情况列成表，就容易看出当两名婴儿标错时会有6种情况出现。

现在假设标签弄混了以后，实际有 3 个对的，1 个错的，那么，发生这种情况又有几种方式？

你还要画个表吗？或许你已经发现其奥妙了。

弄错了的标签

这个问题曾蒙混过许多人，原因是他们错误地认为，能有多种不同的方式使得 4 个婴儿中的 3 个与其标签相符。如果你用"鸽笼原理"来考虑问题，答案就是显然的了。假如有 4 个"鸽笼"，逐一标上了应该放进去的 4 件物体的名称，如果其中的 3 件都放进了相应的鸽笼里，那么第四件物体只有一个地方可放，即那个标上了放这件物体的鸽笼，别无选择。因此，只有一种可能：4 件物品都正确地放进了应该放的地方。

有一个著名的标志混淆的古典问题，也涉及 3 件物体，解决的方法也靠奇思妙想：把发生事件数减少到 1。假设在桌上有 3 个密封的盒，1 个盒中有 2 枚银币（1 银币=10 便士），1 个盒中有 2 枚镍币（1 镍币=5 便士），还有 1 个盒中有 1 枚银币和 1 枚镍币。这些盒子被分别标上 10 便士、15 便士和 20 便士，但每个标签都是错误的。现在，有人从标有 15 便士的盒中拿出 1 枚硬币放在桌上，看到这枚硬币，你能否说出每个盒内装的是什么硬币吗？

同前例一样，人们首先可能会认为有多种可能性，但认真一想，只会有一种情形。从错标 15 便士的盒中取出的硬币不是银币就是镍币。如果是银币就知道这盒里原本装的是 2 枚银币；如果是镍币，这盒里原本装的就是 2 枚镍币。无论是哪一种情形，其他两盒内装的是哪种硬币也就一清二楚了。为了弄明白原因，可以画一个 6 种可能情形的表，容易看到 3 个盒子全部错标的情形只有两种，从 15 便士的盒中取 1 枚硬币样品又能排除一种情形，唯一剩下的一种情形就是适合题目的情况。

这个问题有时给出的形式稍为复杂一些，例如随便在哪个盒中取尽可能小数目的硬币样本试看，来确定 3 个盒子内装的是什么硬币。当然，唯一的答案就是从 15 便士的盒中取 1 枚硬币。或许你还能把问题提得更复杂一些，当每个盒中有两个以上物体或者盒子不止 3 个，等等。

许多引人入胜的难题都和上述的"婴儿问题"有密切联系，同时也涉及初等概率。比如，婴儿的标签随意混淆了，4 个都对的概率是多少？都错的呢？至少一个对的呢？恰好一个对的呢？至少两个对的呢？恰好两个对的呢？至多两个对的呢？等等。

"至少一个"的问题，属于古典趣味数学问题，它常以一个故事的形式给出。例如，n 个男人把帽子寄存在饭店里，粗心的存帽姑娘漫不经心，随便递出对号牌，那么至少有一个人能取回他自己帽子的概率是多少？结果发现当 n 增加时这个概率迅速趋近其极限 $1-\dfrac{1}{e}$，略大于 1/2。这里 e 是一个著名的常数，称作欧拉常数[①]，它的值约等于 2.718 28$^+$，它在概率问题中经常遇到，如同几何问题中的 π 一样。

[①] "e"是自然对数的底。1727 年，欧拉最先使用"e"来表示自然对数的底。但通常所说的欧拉常数是指 $c=\lim\limits_{n\to\infty}\left(1+\dfrac{1}{2}+\dfrac{1}{3}+\cdots+\dfrac{1}{n}-\ln n\right)$，当 n 趋向无穷时的极限，它的值为 0.577 2…，与"e"有密切关系。——译注

奎伯的另一杯子问题

奎伯教授又给你出了一个难题。

奎伯教授：取 3 个空塑料杯，放进 11 便士的硬币，使得每个杯中的便士数都是奇数。

奎伯教授：这并不难，可以有许多办法。你可以在一个杯里放 3 个，一个杯里放 7 个，第 3 个杯里放 1 个。

奎伯教授：但是，你能在 3 个杯中放 10 个便士，使每个杯中的硬币仍是奇数吗？这是可能的，但需要你动动脑筋。

奎伯教授：但愿你不要泄气，你所要做的就是把一个杯子放进另一个杯子中去，这不是很容易吗？每个杯子中就都是奇数了。

奎伯子集

啊哈！一旦悟出了可以杯中套杯，奎伯的智力难题就迎刃而解了。同一组硬币可以属于不止一个杯子。用集合论的术语来说，我们的答案是一个 7 元素的集合加上一个 3 元素的集合，这个 3 元素的集合包括一个单元素子集。这个答案也可以用图 1-4 表示：

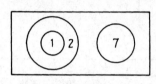

图 1-4

你可能发现还有其他的答案。不错，其中的 10 个答案很容易找到，但总共有 15 个答案，找另外 5 个答案可能难度稍大一些。

找到这 15 个答案以后，你就可以通过硬币总数的变化，杯子数的变化以及每个杯子中硬币数的变化来对这类问题进行推广。

一个集合的部分或全部可以包括在另一个集合中，并且可以两次计数。这是解决许多著名难题和悖论的钥匙，这里就有一个幽默故事。

一个男孩逃学已达数周，教师找到他，这个男孩为他没时间上学作了解释：

我每天睡 8 小时，8×365 是 2920 小时，每天 24 小时，那么 $\frac{2920}{24}$ 就是 122 天。

星期六和星期天不上学，一年就是 104 天。

我们还有 60 天暑假。

我每天需要 3 小时吃饭，3×365 是 1095 小时，$\frac{1095}{24}$ 就是 45 天。

每天还至少有 2 小时娱乐，2×365 是 730 小时，$\dfrac{730}{24}$ 就是

30 天。

男孩把这些数字记下来并加到一起。

全部天数：

睡觉：122

周末：104

暑假：60

吃饭：45

娱乐：30

—————

361

这个男孩说："你瞧，我只剩下 4 天，还病了，这我还没算每年学校的假日。"

老师看了男孩的数字，没能找到错处。可以把这个问题讲给你的朋友，看看谁能发现错误：不止一次地计数子集。这个男孩问题的重叠类型和奎伯杯子问题是一个道理。

牛排战术

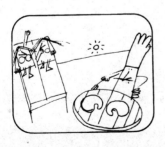

约翰逊先生有一个很小的烤架，只能烤两块牛排。他妻子和女儿贝基都饿极了，问怎样才能在最短时间内烤好 3 块牛排。

约翰逊先生：让我们想想，烤一面需要 10 分钟，那么一块牛排烤两面需 20 分钟。因为一次只能烤两块牛排，20 分钟烤好两块，另外 20 分钟烤第三块，所以总共需要 40 分钟。

贝基：爸爸，你可以再快些。我刚算出你可以节约 10 分钟。多聪明啊！贝基是怎么想的？

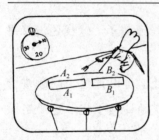

为解释贝基的算法，我们不妨把牛排记作 A、B 和 C，每面记为 1 和 2，头 10 分钟里烤 A_1 和 B_1。

把牛排 B 放到一边，第二个 10 分钟烤 A_2 和 C_1，A 牛排烤完了。

下面的时间烤 B_2 和 C_2，烤完所有 3 块牛排只用 30 分钟，对吗？

一般策略

这个简单的组合问题属于现代数学中一个被称为"运筹学"的重要分支，当一个人面临一系列的工作，并要在最短时间内完成，制定最佳工作时间表有时是很不容易的。初看最好的方式，有时可能还会有可改善之处。在上述例题中，我们恍然领悟到，牛排烤完第一面，不必马上就烤另一面。

我们可以从上述简单问题推演出许多更复杂的问题。比如，你可以改变烤架一次可烤牛排的数量，也可以改变需烤牛排的数量，或者两者都变。另外，还可考虑多于两面以上的物体，每面都要按某种方式"完成"。例如，一个人要把 n 个立方体的顶点涂成红色，但每一次只可以涂 k 个立方体的顶。

今天，运筹学已被用来解决商业、工业和军事战略等许多领域的问题。即使像烤牛排这样的简单原理也是有用的。我们考察一下下面的问题。

琼斯先生和夫人要干三项家务：

（1）他们的地板要吸尘，他们只有一部吸尘器，干这活儿要 30 分钟。

（2）草坪需要修剪，他们只有一部割草机，这活儿也要花 30 分钟。

（3）他们的孩子要喂，还要哄他睡觉，这也要用 30 分钟。

他们应当怎样安排这些家务以便在最短时间内完成呢？你看这个问题与牛排问题是否一样？如果琼斯先生和夫人一起干，或许有人想 60 分钟可以干完。但是如果一项工作，比如说吸尘工作被分为两个阶段，后半段可以延迟（像牛排问题一样），那么这三项工作只需四分之三的时间，即 45 分钟就够了。

下面是一个更复杂的运筹学问题：制作 3 片奶油烤面包，烤炉是老式的，它的两边各有一个挂门，每次一边能烤一片面包，且只能烤一面，要烤两面必须打开门翻转。

放进一片面包要 3 秒钟，取出一片面包要 3 秒钟，翻转要 3 秒钟。这些操作都要双手进行，因此不能同时放、取或同时翻转两片面包，当放进、取出或翻转一片面包时，不能给另一片面包抹奶油。面包烤一面要 30 秒，一片面包抹奶油要 12 秒。

每一片面包只在一面抹奶油，烤过的面才能抹。一片面包烤过一面，抹上奶油再送入烤炉烤另一面。烤炉已预热，试问要多长时间面包才能烤好并抹上奶油？

2 分钟完成这项工作并不很难。然而你若考虑到如下思路，整个时间就可以减少到 114 秒：一片面包的一面尚未烤完就可以取出来，以后接着烤直至完成。

以最有效的方式制定工作时间表决非易事，无数的实际问题在制定时间表时要比这个例子复杂得多，需要非常复杂的数学技巧，包括计算机和现代图论知识。

铺砖难题

布朗先生的院子铺了 40 块方砖，这些砖已经坏了，他想换新的。

他要买一批新砖，不巧的是这些新砖是长方形的，每块大小等于原来的两块。

店主：布朗先生，你想要多少块砖？

布朗先生：我要更换 40 块方砖，我想 20 块就够了。

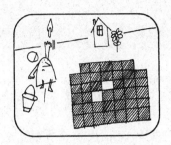

当布朗先生用新砖铺院子的时候，问题出来了，无论怎么干，这些新砖都不合适。

贝基：爸爸，有什么麻烦事？

布朗先生：这些该死的新砖不合适，最后总有两块旧方砖的位置无法盖住。

布朗先生的女儿画了院子的平面图，并像棋盘一样着了色，然后她研究了几分钟。

贝基：噢！我明白毛病出在哪儿了，当你看到一块矩形砖只能覆盖一块红的和一块白的方砖时，问题就显露出来了。

怎样借助这个图来分析问题？你明白贝基的意思了吗？

现在有19块白的方砖和21块红的方砖，当19块矩形砖铺上以后，肯定有2块红色方砖没有盖上，这是矩形砖无法铺盖的，除非将其一分为二。

奇偶检验

布朗先生的女儿应用所谓的"奇偶检验"解决了铺砖问题。如果两个整数都是奇数或都是偶数，则称它们具有相同的奇偶性；如果一个是奇数而另一个是偶数，则称它们具有相反的奇偶性。在组合几何中也要经常遇到类似的情况。

在本问题中，同色的方格具有相同的奇偶性，异色的方格具有相反的奇偶性。[①]显然一块矩形砖只能覆盖一对具有相反奇偶性的方格。贝基小姐让我们看到，当 19 块矩形砖铺上后，剩余的两个方格只有在奇偶性相反时才有可能被一块矩形砖覆盖；由于剩下的两个方格奇偶性相同，它们不能被最后 1 块矩形砖覆盖，所以想用 20 块矩形瓷砖来铺满院子是不行的。

数学中许多"不可能性"的证明也依赖于奇偶检验，如大家熟悉的欧几里得的著名证明："2 的平方根不可能是有理数。"这个证明的获得首先假设 2 的平方根可以用一个既约分数表示，分子和分母不可能都是偶数，否则分数就不是既约分数。所以，它们只能都是奇数，或一个是奇数、另一个是偶数。欧几里得进一步证明二者都不是，它的分子和分母既不都是奇数，又不是一奇一偶。而任何一个既约分数都应是二者之一，所以 2 的平方根不是有理数。

"铺砌理论"中许多不可能性的证明都要借助于奇偶检验。上述问题只是一个简单的例子，因为它只涉及用多米诺骨牌（domino）[②]——一种简单的波利米诺（Polymino，一些边连接的单位正方形组成的集合）来铺盖的问题。贝基小姐的"不可能性"证明适用于具有下述性质的方格矩阵：将矩阵中的方格像国际象

---

① 这里所说的奇偶性是指将方格依次编号后，其号数的奇偶性。——译注
② 指由两个单位正方形连在一起的长方形。——译注

棋棋盘那样涂色后，一种颜色的方格比另一种颜色的方格至少多一个。

在上述问题中，院子可以看作一个 6×7 的方格矩阵，缺了 2 个同颜色的方格。显然，剩下的 40 个方格不能由 20 块"多米诺骨牌"覆盖。一个有趣的相关问题是：如果缺少的 2 块是不同颜色的，20 块"多米诺骨牌"就可以覆盖了吗？奇偶检验不能证明其不可能性，但这并不意味着一定可以覆盖。通过挖掉一对对的不同颜色的方格来检查每一种可能的图形，那是十分复杂的，因为各种可能的类型种数太多了。那么对于这许多复杂的情况，有没有简单的可能性证明呢？

有。有简洁而奇妙的方法，它是由 Ralph Gomory 在灵机一动时发现的。假设 6×7 长方形中有一个遍历所有小方格的闭合回路，一小格宽，见图 1-5。现在将回路中任意两个不同颜色的小块移走，就将回路分为两部分，每部分都包括偶数个颜色不同的小方格，很明显，这两部分都能被"多米诺骨牌"覆盖，所以这个问题总是有解的。你或许很想应用一下这个巧妙的证明于任意大小、形状的或者缺两个以上方格的矩阵中。

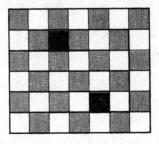

图 1-5

"铺砌理论"是组合几何一个重要组成部分，越来越受到人们关注。铺砌的平面区域可以是任意形状的——有限的或无限的，砖的形状同样也可以变化，而且也可以不是同一形状的，在不可能性证明中经常涉及用两种以上颜色按特定的方式为平面区域着色。

类似多米诺骨牌的三维几何体是"砌块"，其单位尺寸为 $1\times2\times4$，用这种砌块很容易堆码出一个 $4\times4\times4$ 的箱状立方体，但用这种砌块能堆码出 $6\times6\times6$ 的箱状立方体吗？这个问题也可以用布朗先生庭院问题的办法来解答。假如把这个立方体分为 27 个 $2\times2\times2$ 的小立方体，把 27 个小立方体黑白相间地涂上颜色，你会发现，一种颜色的小立方体比另一种颜色的多一个，即多 8 个单位立方体。

在大立方体中，不论一个砌块怎样堆码，它总是占据同样数量的黑色单位立方体和白色单位立方体。但由于一种颜色的单位立方体比另一种颜色的单位立方体多 8 个，所以，不论前 26 个砌块怎样放，总要剩下同颜色的 8 个单位立方体。所以它们不能被第 27 个砌块占据，若要通过穷举法检查每种可能的堆码方式来证明其不可能性那将是极其困难的。

堆码理论仅仅是三维空间铺砌理论的一部分，在空间堆码问题上，尽管有许多悬而未决的问题，但这方面的论文正日益增多，其中许多问题在商品包装及仓储等方面得到了应用。

奇偶性在粒子物理学方面也起着重要作用。1957 年两名华裔美国物理学家[①]获得诺贝尔奖就是由于他们的工作推翻了著名的"宇称守恒"定律。由于这一题目的专业性太强不能在此论述。但这里有一个简单的掷硬币小戏法，可以让我们体会一下奇偶守恒的含义。

往桌上扔一把硬币，然后数一下正面向上的硬币数。若是偶数，我们则说正面向上的硬币具有偶数性；若是奇数，则称它具有奇数性。然后翻转一对硬币，再一对，再一对，任意翻转多少

---

① 指李政道和杨振宁。——译注

对，你可以发现，不管翻转多少对，正面向上的硬币的奇偶性是守恒的。如果开始是奇数，那么结束时还是奇数；如果开始时是偶数，那么结束时仍是偶数。

利用这一性质可以玩一个小魔术。你转过身去，让一个人随意一对对翻转硬币，再让他用手盖上任何一个硬币，你转过来，看一下这些硬币，就能准确地告诉他手下的硬币是正面向上还是反面向上。秘诀就是最初数一下正面向上的硬币数并记下来。不管正面向上的硬币数是偶数还是奇数，因为成对翻转不影响其奇偶性，你只要在最后查一下正面向上的硬币数就能知道掩藏的硬币是正面向上还是反面向上。

作为一种推广，还可以让某人用手盖上两个硬币，你可以说出被掩盖的硬币是同面还是互为反面。

许多扑克牌花样的戏法都可以利用这种奇偶检验来解决。

奎伯的宠物

又是奎伯教授。奎伯教授：我给你再出一个难题。假如在我所有的宠物中，除了两只以外都是狗，除了两只以外都是猫，除了两只以外都是鹦鹉，那我有多少只宠物。

你算出来了吗？

奎伯教授只有 3 只宠物：一条狗，一只猫和一只鹦鹉。

"全部"即是一

这个貌似玄虚的小问题其实用心算即可解决，只要你认识到"全部"这个词也可以仅指一个动物，最简单的情况——一条狗、一只猫、一只鹦鹉——就给出了答案。但是，我们也不妨把这个问题用代数方法解决。

用 x，y 和 z 分别表示狗、猫和鹦鹉的数量，n 表示全部动物的总数量，我们可以写出四个联立方程：

$$n=x+2$$
$$n=y+2$$
$$n=z+2$$
$$n=x+y+z$$

这些方程可用任何标准解法来解，从前三个方程中得到 $x=y=z$，从 $n=x+2$ 和 $n=3x$（从第四个方程中得到）我们可以写出 $x+2=3x$，所以 x 的值是 1，从而可得出全部的答案。

由于动物的只数总是正整数，我们可以把奎伯的宠物问题认为是所谓丢番图问题的简单例子，这是一个求代数方程的整数解的问题。丢番图问题可以无解、一个解、有限个解和无限多个解。下面一个难度稍大的丢番图问题，同样涉及三种不同动物和解联立方程。

1 头奶牛值 10 元，1 头猪值 3 元，1 头羊值 5 角。一个农夫要买 100 头牲畜，每种至少买 1 头，总共花 100 元，每种牲畜各买多少？

用 x 表示奶牛数，y 表示猪数，z 表示羊数，我们可以列出下面两个方程：

$$10x+3y+z/2=100$$

$$x+y+z=100$$

对第一个方程中各项都乘以 2 消去分式，然后再减去第二个方程，这就消去了 z，得到：

$$19x+5y=100$$

x 和 y 应可能取哪些整数值？一种方法是把系数最小的项放在方程左边：$5y=100-19x$，两边用 5 除：$y=(100-19x)/5$，再把 100 和 $19x$ 分别用 5 除，把余数放后边，结果是：$y=20-3x-\dfrac{4x}{5}$。

显然，表达式 $\dfrac{4x}{5}$ 一定是整数，这意味着 x 必须是 5 的倍数，5 的最小倍数是 5 自身，相应的 y 值是 1（代回两个原方程），得到 z 的值为 94，如 x 取大于 5 的任何倍数，y 就是负值，所以这个问题只有一个解：5 头奶牛，一头猪和 94 头羊。

只要在这个问题中改变动物的价格，我们就能发现许多关于丢番图分析的基本知识。例如，奶牛 4 元，猪 2 元，羊 $\dfrac{1}{3}$ 元，如果这个农夫用 100 元买 100 头牲畜，每种牲畜至少 1 头，各买多少头？这种情况下有三个解。如果奶牛 5 元，猪 2 元，羊 5 角呢？此时无解。

丢番图分析是数论的一个重要分支，有无限应用前景，一个著名丢番图问题——费马最后定理：方程 $x^n+y^n=z^n$ 没有

$xyz \neq 0$[1]的整数解，这里 n 是大于 2 的正整数（如果 $n=2$ 时，方程的解称为毕达哥拉斯三元数组，从 $3^2+4^2=5^2$ 出发可得出它的无穷多个解），这是数论中最著名的没有解决的问题，没有人找到一个解或证明其无解[2]。

药品混杂问题

一家药店收到 10 瓶药，每瓶装 1000 片，药剂师怀特先生刚把它们放到架上，就来了一封电报。

怀特先生把电报读给药店经理布莱克小姐听。

怀特先生：急电。所有药品需检查后方能出售，由于失误，其中有一瓶药每片重了 10 毫克，请立即退回那瓶分量有误的药。

怀特先生很生气。

怀特先生：真够烦的，我们必须从每瓶中取出 1 片药，称出它们的重量，要称 10 次，真麻烦。

---

① 这个附加条件是译者所加，原文无。——译注
② 这个猜想已于 1994 年由英国数学家怀尔斯证明。——译注

怀特先生正要动手，布莱克小姐叫住他。

布莱克小姐：等一下，不必称 10 次，我们只称 1 次就够了。

这怎么可能呢？

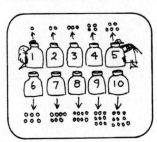

布莱克小姐的主意是从第一个瓶中取 1 片，从第二个瓶中取 2 片，从第三个瓶中取 3 片，直到从最后一瓶中取 10 片。

把这 55 片药放到天平上称重，如果是 5510 毫克，即多 10 毫克，就知道是 1 片药重了，就可以找出是第一瓶药出错了。

如果重了 20 毫克，那就是 2 片药重，由此说明第二瓶药错了，同理可鉴别其他瓶，这样，布莱克小姐只称 1 次，怎么样？

药品严重混杂问题

半年后药店又收到了 10 瓶这种药片，接着又来了一封电报，这次出了更大的差错。

这次谁也说不准到底有几瓶药中装了超重 10 毫克的药片，怀特先生简直气疯了。

怀特先生：怎么办？布莱克小姐，我们以前用的办法不灵了。布莱克小姐没有回答而是仔细思考起来。

布莱克小姐：啊，有了！假如我们改变一下方法还可以只称一次，并且判别出每一个出错的药瓶。

布莱克小姐这次是怎么想的呢？

药品难题

在第一个药品称重的问题中，我们知道只有一个瓶子装了超重的药片。从每个瓶中取出数量不同的药片（最简单的方法就是采用计数数列），我们就在数字的集合与药瓶的集合之间建立了一一对应的关系。解决第二个问题时，我们利用一个数列给每个瓶子标记不同数字，另外，这个数列的每一个不同的子数列都有不同的和数。有这样的数列吗？有的！最简单的是等比数列：1、2、4、8、16……这些数都是 2 的非负整数幂，这个数列提供了二进制的基数。

具体方法就是将瓶子排成一行，然后从第一瓶中取 1 片药，从第二瓶中取 2 片药，从第三瓶中取 4 片……把取出的药片放在一起称：假如它们超重 270 毫克，由于每片错药超重 10 毫克，我们用 10 去除得到 27，就是超重药的片数，将 27 写成二进制数：11011，这些 1 的位置告诉我们 2 的哪些次幂组成的子数列，其和为 27。2 的幂依次是 1、2、8、16、1 在第一、二、四、五的位置上，所以出错的药是第一、二、四、五瓶。

每个正整数是 2 的特定幂的和，这在计算机科学和许多应用数学领域里都非常重要。在趣味数学中也有着广泛的应用。

这里有一个简单的扑克牌游戏，能给你的朋友带来乐趣，尽管它好像和药瓶问题没有什么联系，但他们的原理是相同的，都采用二进制数的原理。

让别人洗一副牌，把牌放进你的衣兜里，让其他人说一个 1～15 中的任意一个数字，然后你从衣兜里拿出几张牌来，使得这几张牌上的点数之和，就是那位先生所说的数字。

游戏者看起来很玄妙，其实秘密很简单，在表演前，把 1、

2、4、8 这四张牌先暗藏在衣兜里，这副牌虽然缺了 4 张，但由于缺的数少不会引起注意，洗过的这副牌也放进衣兜里紧靠那 4 张牌下边。当别人说出一个数字时，心里把它表示成 2 的幂次和，比如 10，那你就应想到 8+2=10，从你衣兜里拿出 2 和 8。

智力阅读卡片也以同样的二进制数原理为基础。第三章中图 3-1 表示，用 6 张卡片可以确定 1～63 范围内的任何一个整数，让某人在这个范围内想一个数——比如年龄——然后，将标有该数字的所有卡片递给你，你马上就可以说出他心里想的这个数。这秘密很简单：把每张卡片上的第一个数字（他们都是 2 的幂）相加就行了。例如，递给你的卡片是 C 和 F，你把这两张卡片上的第一个数 4 和 32 相加得 36，说明他所想的数是 36。

每张卡片上的一系列数是怎样确定的呢？每个二进制数在右边第一位上是 1 的都出现在卡片 A 上，这些数是 1～63 之间的所有奇数，卡片 B 上是 1～63 之间二进制数右边第二位为 1 的那些数，卡片 C 是所有二进制数在右边第三位是 1 的那些数，依此类推到卡片 D、E 和 F。注意到 63 写成二进制是 111111，每位上都有 1，因此出现在每张卡片上。

魔术师有时用不同颜色标识卡片使戏法变得更神秘。魔术师只要记住不同颜色卡片上第一个数是 2 的哪一个幂，比如，红色是 1，橙色是 2，黄色是 4，绿色是 8，蓝色是 16，紫色是 32（颜色按彩虹的顺序）。魔术师站在大厅里，让某人把所想的数字卡放到一边，通过观察卡片的颜色，魔术师立刻能说出观众所选的数字。

切割手链

格罗莉亚是来自阿肯色州的一位年轻女士，她正在加利福尼亚州旅行，她想在旅店租一个房间，准备住 7 天。

店员：房费 20 美元一天，必须付现金。

格罗莉亚：真抱歉，先生，我一点儿现金也没有，但我有一条金手链，7 环中每环价值都超过 20 美元。

店员：好吧，把手链给我。

格罗莉亚：不，现在不行，我找个首饰匠把手链割开，每天我给你一环，最后有钱时我再把手链赎回来。

店员终于同意了，现在该格罗莉亚割开手链了，她反而为难了。

格罗莉亚：我一定得小心，首饰匠每多割一环，每多接一环都要增加手工钱的。

想了一会儿，格罗莉亚发现她不必每环都割开，因为她可以通过来回兑换一节节的金链来付房费。当她想出怎样割时，她简直难以相信。你知道怎样割吗？

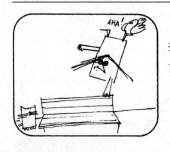

只需割开一环，它应是从一端数起的第三环，把手链分成三节，各节分别有 1、2、4 环。这足可以通过来回兑换使店员每天恰好收到一环。

难解的链

解决这个问题要悟出两个关键。第一，可以用各种方式组合成 1、2、3、4、5、6、7 环金链的最小集合必须包含长度分别为 1、2、4 环的 3 节，正如我们在上一个问题中所知道的，那是一个以二进制数的基数组成的幂级数。

第二是认识到仅割开 1 环就能把手链分成所需的 3 节。

这个问题也可推广到较长的链中。比如，假设格罗莉亚有一条 63 节的金链，她想像前述的分割手链一样割开使用，一天用一环。割开三环就能达到目的。你知道怎样分割吗？对于任意长度的金黄色链，你能想出一个解决问题的一般程序，使分割的次数最小吗？

这个问题有一个有趣的变化就是当金链是一条首尾相连的封闭的链条时，例如，假设格罗莉亚有一条项链，是一条 79 环的封闭链，每天房费使用一环，请问至少要割几环才可以应付 79 天。

❷几何

关于图形的
谜题

几何学是研究形状的学问。这种定义显然不能说它不对，但令人听起来总有一种空泛而没有实质内容的感觉。从某种意义上讲，几何学家是审美的法官，因为他们时常对女性的曲线是否优美评头品足，但这种对女性曲线的评价远不是几何学这一名词的含义。人们常说两点之间曲线最美，尽管这里谈到了曲线，而曲线确是几何学中的一个基本术语，然而，这样的论断与其说属于数学的内容，毋宁说属于美学的范畴更恰当。

我们可以从对称性着眼，对几何学进行更确切的定义。所谓对称性，是指一个图形经过某种变换之后仍保持原图形不变的性质。例如，字母"H"具有180°旋转对称性。就是说如果我们把这个字母旋转 180°——头向下，底朝上——我们得到的图形还是字母"H"。单词"AHA"具有反射对称性。把它放在一个镜子前面，镜子反射出的单词依然是"AHA"。

几何学的每一分支都可以定义为：几何学是研究特定图形在特定的对称变换下的不变性质的学科。例如，欧几里得平面几何学所涉及的是，当一个图形在平面上移动、旋转、镜面反射或者按比例放大或缩小时，对它的不变性质进行研究；仿射几何学研究的是当一个图形以一定的方式"伸缩变换"之后所表现出的不变性质；射影几何学研究的是在射影状态下的不变性质；拓扑学研究问题的着眼点则是，在某种意义上讲，像画在橡皮上的图形在剧烈的扭曲下保持不变的性质。

本书的每一章节中都可能或多或少地涉及一些几何问题，但本章则以解决几何问题为主旨。当然，我们在这里选择的几何问题都是些貌似复杂但略施技巧便可轻而易举地解决的问题。本章的第一个问题是切乳酪的问题，在这个问题中我们不难发现，一个非常简单的问题也涉及数学的几个分支。它涉及平面几何、立体几何、组合、代数。如果把这个问题再引申一步，还要涉及数学中的另一个重要理论——有限差分理论。

"双马换位"是一个拓扑学的问题。

令人奇怪的是，这个问题所用的"化成串珠"的解法告诉我们：这个问题等价于一个对一条封闭曲线上的几个点提出的问题。它只涉及封闭曲线的拓扑性质，至于曲线的形状则无关紧要。我们在解这道题时用的是一个圆上的几个点，同样也可以利用一个正方形或一个三角形上的几个点来解。

接下来的两个问题——"神奇的剑"和"奇妙的路线"——使我们离开平面进入了三维空间欧几里得几何学的王国。飞行路线引出了一个著名的四只小海龟的路线问题，从这个问题中我们不难发现有时利用一个简单的技巧可以省去很多繁杂的计算。兰莎的剖分问题又让我们回到了平面上，使我们认识了欧几里得几何领域中的剖分理论与铺砌理论。铺砌理论属于平面组合几何学，欧几里得小姐的切割问题则属于立体组合几何学。

地毯问题，以及它在三维空间中的姊妹篇——球上打洞问题，是某些定理应用的生动例子。这些定理表明：一个量看起来似乎是个变量，可在其他参数发生变化时，这个量却始终保持某一数值不变。谁能设想，在球上打洞之后，不管球上的洞有多宽，也不管球的半径有多大，剩余部分的体积总是不变的，这样的结论难道不令人瞠目结舌？当数学家首次认识到这一事实的时候，他也应该为之惊讶，不过想来他会接着补上一句"太漂亮了"！

恐怕很少有人能确切地理解数学家称某事"漂亮"的真正含义——或许有较浓的发现问题意外简单的意味，不过所有的数学家在认识了一个"漂亮"的原理或者对一个定理的"漂亮"的证明之后，就会像我们认识了一位美人一样感到高兴。几何学因其具有直观性形象化的特点，每每出现一些漂亮的定理或漂亮的证明。在本章中你就可以看到一些精彩的例子。

巧切乳酪

乔记餐馆的食物未必很好，却以乳酪的美味而著称。

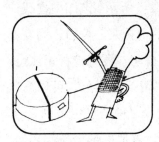

在一块圆柱状的乳酪上可以切出很多花样，比如一刀切下去，一分为二。

两刀下去，便得到同样的 4 块，3 刀当然可以切成同样的 6 块。

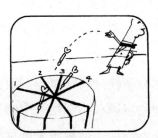

有一次，服务员罗杰小姐请乔先生把乳酪 8 等分。"这好办，"乔说，"这样再来一刀嘛！"

当罗杰小姐正要把乳酪切片送往餐桌的时候，她突然意识到，3 刀也能把乳酪 8 等分。您猜猜罗杰小姐想到了什么好办法？

三刀如何切

罗杰小姐的想法是，乳酪是个圆柱状固体，可以沿水平方向从乳酪的半腰处把它一刀切为两半，如图 2-1 所示。按图中虚线的切法，3 刀可以把乳酪 8 等分。这种切法的前提是，每刀之间互不影响，换言之，先被切下的每一块都不可挪动。还有一种切法是，一刀一刀地切，每切一刀时，可以挪动被切下的部分，可以重新安排每部分之间的相互位置。对本题来说，这种切法也可以 3 刀把乳酪 8 等分。具体切法是：先一分为二，再把两部分摞起来切，二分为四，再把四部分摞起来切，四分为八。

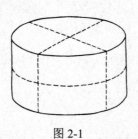

图 2-1

罗杰小姐的想法很简单，甚至可以说极其平常。但是循着她的思路去思考，我们很快会豁然领悟：关于切分问题，可用有限差分进行计算并用数学归纳法给予证明。有限差分的计算是求数列的通项公式的一个有力工具。涉及数列的问题在实际生活中触手可及，利用计算机来解决又非常迅速，所以这类问题越来越引起人们的极大兴趣。

罗杰小姐切乳酪的最初想法是单纯经过乳酪上表面的中心垂直地切。乳酪的上表面像一张煎饼一样是个平坦的圆面，那么我们就不妨试一下，简单地切一张煎饼会得出一个什么样的数列。如果每一刀都经过煎饼的中心，那么很显然，切 n 次最多得到 $2n$ 块。

是否对于任何封闭曲线构成的平面图形切 n 次最多都只能得到 $2n$ 块？不！——如图 2-2 所示。很容易画出许多非凸的平面图形，对于这类图形，一刀你就能切下很多块。那么有没有可能画出这样一个图形，使得切一刀便可得到彼此全等的数量有限的若干块？如果有可能，这种图形必须具有什么样的边界，才能保证一刀可以切出 n 块全等的部分？

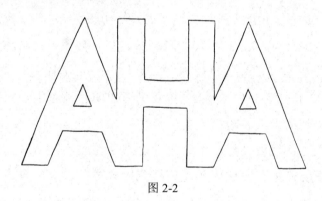

图 2-2

如果每一刀的切口不通过同一点，那么切煎饼的问题会变得更为有趣。你很快就会发现，当切的刀数 $n=3$ 的时候，就不止切出 $2n$ 块了。这里我们暂不考虑切下的每一块是否全等或者面积是否相等。图 2-3 表示，当 $n=1$、2、3、4 时，最多能切出 2、4、7、11 块。

这是一个众所周知的通项为

$$\frac{n(n+1)}{2}+1$$

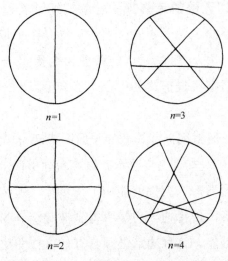

图 2-3

的数列，这里，n 代表所切的次数。从 $n=0$ 开始，前 10 次切出的块数是 1、2、4、7、11、16、22、29、37、46……，请注意它的一阶差分是 1、2、3、4、5、6、7、8、9……，二阶差分是 1、1、1、1、1、1、1、1……，从这里我们可以明显地看出，数列的通项是关于切的次数 n 的二次式。

　　我们之所以说"明显地看出"，是因为通过有限差分的计算得出的公式并不能保证它对于无穷数列同样成立，这一点还有待证明。当然对于这个切煎饼的公式，用数学归纳法是很容易证明的。

　　举一反三，你可以举出许许多多类似的问题，有些问题得出的数列、通项公式及其用数学归纳法的证明都很有意思。这里我们不妨略举数例。对于下列五种情形，每种情况下最多能切出多少块？

　　（1）在马蹄铁形（horseshoe）的煎饼上切 n 刀。

　　（2）对一个球体或者像罗杰小姐所切的乳酪那样的一个圆柱体切 n 刀。

　　（3）用切小圆甜饼的刀对煎饼切 n 次。

（4）对圆环形煎饼（中心有一个圆孔）切 n 刀。

（5）对油炸圈饼（圆环体）切 n 刀。

所有上述问题都假定是同时下刀的，如果改为一刀接一刀地切，并且允许将切成的部分重新组合再切，其答案会发生什么变化？

巧算尺寸

在某城市的一个公园中，有一个较大的圆形区域可以利用。当地政府打算在这个地方修建一个菱形水池。

修建方案呈送市长道利斯·赖特①女士，市长很高兴："我喜欢菱形的水池和这红色瓷砖，真漂亮。请问这个水池每边多长？"

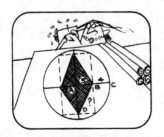

建筑商福兰克·伦一时语塞："让我想想，AB 长 5 米，BC 长 4 米，要求出 BD 的长度，恐怕要用一下勾股定理。"

---

① 这里用了"谐音"手法：英语中赖特（Wright）这个姓氏与 right（正确）一词同音，伦（Wrong）与 Wrong（错误）同音。——译注

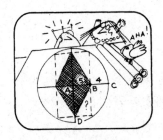

就在伦先生煞费苦心地计算时，市长忽然嚷道："很显然水池每边 9 米嘛!"

伦先生恍然大悟，惭愧地说："看来你的确是赖特，我真是伦啊!"

真是轻而易举，问题怎么会这么简单？

对角线与半径

赖特女士突然看出来，水池的一边是一个矩形的对角线，而该矩形的另一条对角线恰是这个圆形区域的半径。一个矩形的两条对角线应是相等的，半径是 5+4=9 米，因此水池的每边长是 9 米，根本不必用勾股定理。

请注意这个解题技巧的意义。你也可以用其他常规的解法试试看，如果你只用勾股定理和相似三角形的有关知识去解，那么解题过程恐怕是冗长、繁琐的。平面几何中有一个定理：同一圆内两弦相交，那么一条弦被交点分成的两部分之积等于另一条弦两部分之积。如果你记住了这个定理，那么解题过程可能稍简一些。根据这个定理可以得出右边一个直角三角形的高是 $\sqrt{56}$ 米，再应用勾股定理可以算出右边三角形的斜边是 9 米。

还有一个与此相类似的问题，便是诗人亨利·龙菲洛（Henry Longfellow）在他的小说《卡文那》（*Kavenaugh*）中提到的关于睡莲的问题（见图 2-4）。当睡莲的茎向上直立时，花高出湖面 10 厘米；如果你把睡莲拉向一边，始终保持茎是直的，花在距茎向上直立时的出水点 21 厘米处接触水面，请问水有多深？

解决这个问题首先要画一张示意图，如图 2-4 所示。这个图与解决游泳池的边长问题时所画的图本质上是一样的，我们的目标是确定 x 的长度，解决这个问题的方法同样不止一种，但如果你记住了相交弦定理，那么这个问题便迎刃而解了。

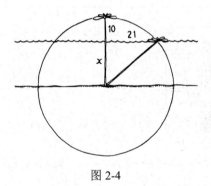

图 2-4

这里还有一个有趣的关于游泳池的问题，如能发现窍门便可很快解决。一只海豚在一个圆形游泳池的西岸边 A 点，沿直线向前游 12 米，到达岸边 B 点；调转一个方向再游 5 米，到达岸边 C 点，而 C 点刚好和海豚出发处 A 点隔池相对。请问海豚从 A 点直接游到 C 点需游多少米？

解决问题只要一条几何定理：半圆所对的圆周角是直角。因此三角形 ABC 是直角三角形。这里已知两条直角边是 5 米和 12

米，那么斜边自然是 13 米。

　　以上几个问题都说明这样一个道理：解决某些几何问题，有时应用欧几里得几何学的一些最基础的知识，就可以使问题变得相当简单。

双马换位

　　在国际象棋①俱乐部的一次聚会上，比绍先生提出一个问题，看谁能用最少的步骤使白马和黑马调换位置。

　　一个小伙子试了两次，达到目标需要 24 步。

　　另一个小伙子 20 步就完成了。

---

　　① 国际象棋中马的走法与中国象棋中马的走法基本相同，也是"走日字"，但不受"别脚"的限制。——译注

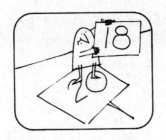

人们绞尽脑汁，使最少步骤降到了 18 步。这时凡尼·弗斯女士来了。

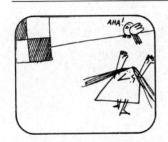

"我们 16 步就可以，"弗斯女士说，"而且我可以证明这是解决问题所需的最少的步骤。"

弗斯女士先画了一张示意图，用线段来表示每匹马可能走的路线，然后开始解释。

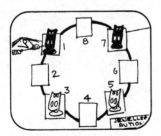

"如果我们设想其中每节线段连在一起看成一条链子，8 个方格看作串在链子上的 8 颗珠子，那么就形成了一条珍珠项链。"

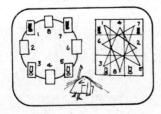

"在棋盘上走一步对应在圆圈上走一步，要两个马互换位置，我们只要它们在圆周上按同一方向运动就可以了。"

51

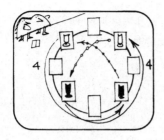

"妙极了!"比绍先生高兴地说,"四位骑士,每一位向前走 4 步,那么 16 步就可走完,而且无法再减少步骤了!"

话音未落,弗斯女士用一个红马换下一个白马,然后诡谲地一笑,对大家说:"哪位能用最少的步骤使白马和红马调换个位置?"

骏马与星形

弗斯女士对双马换位的问题做了一点形式上的变通,解答的思路便豁然开朗。那么对她提出的新问题如何解答?我们不妨如法炮制,用一根假想的链条把这些方格串起来,围成一条项链,很显然四个棋子在图上的顺序是黑、黑、红、白。为什么弗斯女士诡谲地一笑?因为她知道红白棋子根本无法相互对调位置。红白棋子的相对位置是无法改变的,因为无论向哪个方向走,一个棋子都不能从另一个棋子头顶上跳过去。您明白了吗?

比如说按顺时针方向走,那么白马始终紧紧跟在红马后面。如果红马和白马的相对位置可以调换,那么走了若干步之后,红马和白马的顺序就应该能颠倒过来,变成红马紧跟在白马后面。很显然这是不可能的,因为这需要红马跃过两个黑马才行。只有把某个棋子与一个黑子的起始位置调换一下才能使红马和白马互换位置,否则根本不可能。不知您以为然否?您不妨用别的走法试试看。

　　您对这种两色马调换位置的游戏有兴趣吗？如有兴趣，下面这个棋例向您提出了更大的挑战（图 2-5）。在一个 3×4 的棋盘上，3 个黑马占据上面一行的 3 个位置，3 个白马占据下面一行的 3 个位置，和前一问题一样，要求走最少的步数，使黑马与白马互换位置。

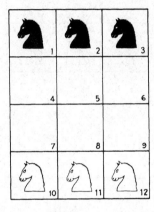

图 2-5

　　对于这个问题，要把它转化为同构图就复杂多了，如图 2-6 所示。同构图展示了每个棋子可能行走的路线。虽然我们不能像解答前一问题那样，把方格串联起来，展开成一条圆形的项链，但可以把它展开成图 2-7 所示的形式。图 2-7 中的数字与图 2-5 和图 2-6 中的数字相对应。

　　因此，图 2-7 中白马与黑马换位的问题与原来的问题是同构的。可是这时的走法就明朗多了。请你试着走一走，能否找到 16 步的步数最少的解法。

　　图 2-8 所示是又一与上例相类似的经典问题，研究这个问题可以用 7 个硬币或者棋子之类的小东西。

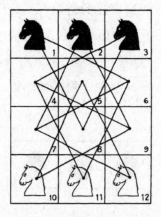

图 2-6

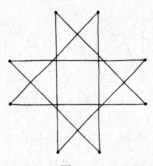

图 2-7

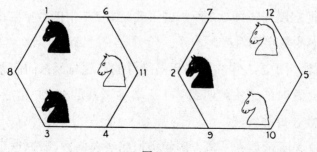

图 2-8

问题是这样的：把 1 个硬币放在八角星图的任一角点上，然后沿直线移动到另一角点。被移动的硬币必须一直留在被移到的地方。硬币移走之后，它原来的位置当然就空了下来。

这时再拿 1 个硬币，放在任何一个空着的角点上，同样沿直线把它移到其他空着的角点上。这样不停做下去，一直到 7 个硬币全部放完。

你很快就会发现，你必须精心设计每个硬币的放法，才可能把 7 个硬币都按要求放进去，否则你中途就无法放下去了。在这个问题中，7 个硬币放置的位置及移动的方向必须遵循一定的规律，你能看出必须遵循什么规律吗？

同前面两个换马的棋局类似，这个八角星图也可以把它拉成一个圆圈，这样一来，7 个硬币如何放置、如何移动便一目了然了。放置的方法很多，最简单的一种是，先随便放置移动第一个，然后放置并移动每一个硬币，都要使之能最终进入前一个硬币空出的位置。

把这个游戏给你的朋友试试，即使在你做过一次示范（迅速地）以后，恐怕也很少有人能很快地解决它。

神奇的刀

请仔细观察左图，发现图上有什么错误了？
（图上的字义是"肉店"）

看看那把刀，它根本不能插入刀鞘。（图上的字义是"放弃"）

如果这两把刀分别与相应的刀鞘都有一致的横截面，那么它们就都可以插入刀鞘。你能再找出一种其他形状的刀插入该形状的刀鞘中吗？

凭你的聪明估计你想到了三维空间曲线中的螺旋线，即我们唯一能找出的刀与鞘的形状相同的第三种。

一般螺旋线体

在现代科学中，螺旋体结构逐渐成为一种极其重要的结构，尤其在生物学和原子物理学中。DNA 分子结构就是螺旋体结构。在剑鞘匹配的三种形式当中，螺旋体与一维直线及二维平面上的圆不同，它还涉及一个旋转方向的问题。就是说它可能是左旋的，也可能是右旋的。一条直线或一个圆与它在镜子中的影像完全一样，而螺旋体却不同。在镜中"它们的旋转方向发生了变化"，影片《路易斯·开罗》中的爱丽斯在看到镜中的屋子时曾发出这样的感慨。再比如，物理学中的中微子，以光速运行，在运行过程中始终绕一个轴旋转，从某种意义上讲，它随时间变化在空间描绘出了一个螺旋线轨道。而反中微子的螺旋线轨道旋转方向则与中微子的旋转方向刚好相反。

在自然界和人们的日常生活中，螺旋线的实例不胜枚举。右旋螺旋线传统的定义是，按顺时针方向旋转逐渐向远离你的方向旋进所形成的螺旋线。螺钉、螺栓和螺母一般都是右旋的。许多螺旋状结构，比如，圆环形楼梯、螺旋状糖果器、弹簧、绞合线或电缆中每股细绳的缠绕方向等，有的是右旋、有的是左旋。你注意到理发店门前红白相间的招牌是什么旋转方向了吗？

在自然界中，螺旋状还可见诸动物的某些部位，如海螺的壳、雄性角鲸的长牙、人的耳蜗及脐带等。在植物界螺旋状更是屡见不鲜，如草本植物的主茎、叶柄、蔓、种子、花、球果、叶子、树干等。当松鼠在树上爬上爬下时，它爬过的路线就是螺旋形的。蝙蝠从巢里出来后飞行的轨迹也是螺旋形的。在自然现象中，涡流、龙卷风都是锥形螺旋的实例。水通过下水道入口向下流时亦呈螺旋形。如果想了解自然界中更多的螺旋现象，请参看马丁·伽德纳所著《奇妙世界》一书。

一个规则的螺旋线是环绕圆柱体表面而形成的曲线，环绕过程中必须使之与圆柱体母线的夹角恒定（母线系指在圆柱体表面上与轴平行的直线），我们不妨记这个恒定的角为 θ。不难看出，如果 θ 角为 0°，螺旋线就成了一条直线；如果 θ 角为 90°，螺旋线就变成了一个圆。当 θ 角在 0°至 90°之间变化时，则可借助于对螺旋曲线的参数方程的分析来决定。而上述的直线与圆则是这个一般空间螺旋曲线的两个极限形式。规则的螺旋曲线必须是曲率与挠度保持不变的空间曲线。这就说明了为什么满足刀与鞘相匹配的形状只有螺旋线及它的两个极限形式。

螺旋线在水平面上的投影显而易见是一个圆，如果在垂直于螺旋线轴的方向上投影则得到一条正弦曲线。这一点利用曲线的参数方程很容易证明。用这一观点来引入正弦曲线及其性质是十分有趣的。

下面再谈一个有关螺旋线的而且颇具玄机的小故事。一个圆柱形塔，高 100 米，塔中有一电梯，塔的外表面有一环形楼梯，环形楼梯的伸展方向与竖直方向夹角 60°恒定不变，塔的直径是 13 米。

一天，皮扎夫妇乘电梯去塔顶的瞭望台，他们的儿子汤姆托·皮特从塔外的环形楼梯上爬上去，当汤姆托爬到塔顶时，他自然是上气不接下气了。

"你必输无疑，我的儿子。"皮扎先生说，"你要走四倍于我们的距离，而且完全靠双脚。"

"你说错了，爸爸。"汤姆托说，"我走的距离是你的距离的两倍。"

究竟谁说得对？是汤姆托还是他的爸爸？对于如何求楼梯长度的问题，许多人坚持必须要先知道圆柱塔的直径才行。出乎意料的是，塔的直径 13 米这一已知条件在此可以完全不予考虑。

为什么圆柱的直径是个与环形楼梯的长度无关的量呢？盘绕在塔柱面上的环形（即螺旋形）楼梯实质上是一个直角三角形的斜边，这个直角三角形的三个角是 60°、30°和 90°，高度 100 米。在这种三角形中，斜边的长度是高度（30°角所对的边）的两倍。所以汤姆托是正确的。

你可以做一个小实验来验证上述结论。展开一个硬圆筒或展开绕在圆筒上的手纸，你会意外地发现，圆筒上的螺旋线变成了平面上一个直角三角形的斜边，其长度与这个直角三角形卷成的圆柱体的直径全然无关。

极地飞行

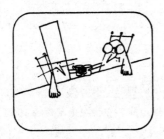

丹先生素来以喜欢赌一把而闻名。此刻他正与好友飞行员迪克在一起喝酒。

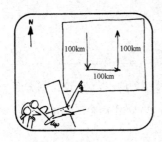

"迪克，"丹说，"给你出个问题，你要答不上来，我就赢你一元钱。一个飞行员向南飞行 100 千米，然后向东飞行 100 千米，再向北飞行 100 千米，这时他发现他刚好回到了原先起飞的位置。请问他是从哪个地方开始起飞的？"

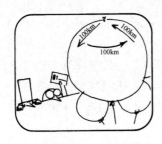

"啊，我赢了。"迪克说，"这是个老掉牙的问题。他从北极出发。"

"啊，不错，你赢了一元钱。"丹说，"不过我再赌一元钱，除了北极还可能从什么地方起飞？"

迪克苦思冥想，不得要领。

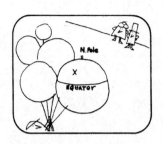

"没有别的什么地方了。"迪克说，"我可以证明，假如飞行员从北极与赤道之间的任意一点出发……"

"显而易见他无法回到他出发的地方。如果他从赤道上某点出发，他最终会停在距出发点约 100 千米的位置上。"

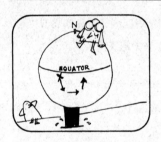

"假如从南极与赤道间的某一点出发，那么他最终将落在距出发点 100 多千米的位置上。"

"说得很对，"丹说，"好，我们现在把赌注升到两元钱，你敢赌我也说不出另外一个起飞的地方吗？"

迪克同意了，但他以失败而告终。你知道这是为什么吗？

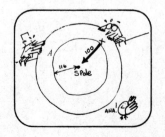

以南极为圆心，以 116 千米长为半径画一个圆 A。从圆 A 上任一点出发向南飞 100 千米。

当他向东飞 100 千米的时候，他刚好绕着南极转一圈，再向北飞 100 千米，自然是回到出发点。对吧？

"不错，你赢了。"迪克说。

"再赌一次!"丹说，"你不信我还能找到别的出发点吗？"

迪克说："你的意思是除了北极和刚才那个圆周之外，还可能有其他的点？"

丹说："正是。"

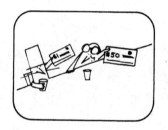

"那好哇，"迪克说，"这次咱们赌 50 元。"

可怜的迪克又输了！他竟然没有想到这一点！

出发点

迪克之所以一输再输，是因为他始终没搞清楚应该循着什么样的思路去寻找出发点。飞行员可以从靠近南极的某一点出发，要求这一点满足如下条件：向南飞 100 千米后，再向东飞 100 千米，恰好绕着南极转两圈而不像刚才那样绕南极转一圈，那么这时再向北飞，自然可以回到出发点。满足这一条件的出发点又形成了一个新的以南极为中心的圆。同理，飞行员还可以从更小的圆上的点出发，只要能满足飞机在向东飞了 100 千米时恰好是绕南极转了 3 圈、4 圈……转任何正整数的圈数都可以。可见，满足条件的点构成了一个同心圆的无穷系列，这些圆，以南极为圆心，半径无限趋近于 100 千米。

　　下面是另一种关于航行的问题，它涉及的是一种美妙的球面曲线，即所谓的"等斜曲线"或称"等方位线"。假设一架飞机从赤道上某点出发，向东北方向飞行，那么它的最终落点在哪里？它经过的路线有多长？这个路线呈什么形状？

　　你会惊奇地发现，飞机经过的路线是一个以不变的角度与地球子午线相交的螺旋形曲线，它最终的落点在北极。该曲线是一个球面螺旋线，它绕北极旋转，越转半径越小，最后终止于北极。把飞机作为一个动点，甚至可以认为这个点绕北极转了无数圈，那么它所经过的路线的长度也还是有限的、可计算的。所以，飞机若以不变的速度飞行，它终究要在一定的时间内到达北极。

　　对于不同投影方式的地图，等斜曲线在地图上的表现形式不尽相同。在众所周知的麦卡托投影绘制的世界地图上，它表现为直线，事实上也正因为如此，麦卡托式地图才备受航海家们青睐。如果一艘船或一架飞机在行进时保证罗盘的指针不变，那么它的行进路线表现在地图上就是一条直线。

　　如果一架飞机从北极出发向西南方向飞行，结果又会怎样？这个问题与上面的问题是互逆的，它的行进路线的形状与前一问题完全一样，是等斜曲线，只是方向相反。但有一点，我们不能肯定这条曲线交于赤道上哪一点，或者说，它与赤道上任何一点都有可能相交。这一结论可以得到证明，因为从赤道上的任何一点出发反方向飞行都可以回到北极。当然，飞机从北极出发，经过赤道之后如果继续前进，那么它最终必然要落在南极。

如果我们把等斜曲线投影到与赤道平行且与一个极点相切的平面上，那么这时的投影线就是等角螺线，又称为对数螺线。这种螺线与其径向的交角始终保持不变。

另一个为人们所熟知的行进路线问题是四个海龟的问题。它也涉及对数螺线。但是，它有一个妙不可言的解法，可以省去许多繁杂的计算，我们通过皮莎先生家中的一个故事来介绍它。

汤姆·皮莎训练了 4 个小海龟：阿娜、玻瑟、查尔斯、蒂里拉，把它们依次编号为 A、B、C、D。一天，他把 4 个小海龟放在一间屋子的 4 个角落里，让 A 始终朝着 B 所在的位置前进，让 B 始终朝着 C 所在的位置前进，同理，C 朝着 D，D 朝着 A 的方向走。他请全家人来观看。

"非常有趣，我的儿子！"皮莎先生高兴地说，"每个海龟都以同样的速度径直向它右面的海龟爬去，那么，每一时刻它们 4 个都处在某个正方形的四角上。"（图 2-9）

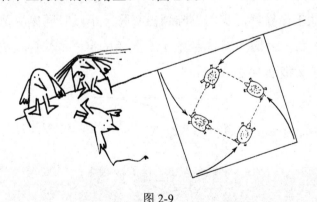

图 2-9

"是的，爸爸，"汤姆说，"而且这个正方形处在不断地旋转中，越来越小。看！它们即将相聚在正中心！"

假设每个海龟以 1 厘米每秒的速度前进，方形屋子每边长 3 米，那么请问每个海龟爬到中心用多长时间？当然，我们在解决问题时可以把一个海龟作为一个点来处理。

皮莎先生掏出了新的可编程袖珍计算器，正准备计算。这时皮莎太太嚷了起来："不要计算了，亲爱的，问题很简单，需要 5 分钟!"

皮莎太太想出了什么妙法呢？

我们考虑两个相邻的海龟，比如 A 和 B。在每一时刻 B 始终沿着与跟踪它的 A 成直角的方向爬向 C，那么 B 的前进方向将始终垂直于 AB，所以这 4 个海龟在任何时刻都保持在一个正方形的 4 个角上。既然 B 的行进既不靠近 A 也不远离 A，那么 B 的运动就不会改变 AB 间的距离，所以 B 的运动与 AB 间的距离不相关。这与 B 在墙角不动、A 沿着墙边直接爬向 B 是一个效果。

上述思路是解决问题的关键。A 经过的路线与每个墙边的长度是一样的。既然墙边长 300 厘米，A 的行进速度是 1 厘米每秒，那么当然需要 300 秒钟，也就是 5 分钟到达 B 处。对其他 3 个海龟也是如此，所以 5 分钟之后，4 个海龟同时到达正方形的中心。

借助于计算器，我们不难画出每隔一小段时间内海龟运动的轨迹，把每一时间间隔结束时 4 个海龟的位置依次连成线，结果便形成了如图 2-10 的图形。

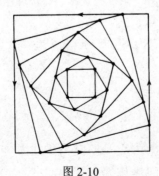

图 2-10

你能把这个问题推广到所有正多边形上吗？所有正多边形都存在类似的规律吗？请先研究一下正三角形，再研究一下正五边形，如果已知正多边形的边长，要求出一只海龟追上前面一只海龟需走过的路程长度，你能找到一个通用的公式吗？如果有无穷多的海龟，从一个正无穷多边形的角上同时出发，首尾相接依次追击，结果将会如何？它们最终是否总会聚到一起？再假设，最初的多边形不是正多边形，比如 4 个海龟从一个矩形的 4 个顶点上同时出发，结果又会如何？

回到我们最初的例子中。如果 4 只小海龟在屋子中央相聚后，发现它们彼此都很厌恶，便彼此向外爬开，每只海龟都朝远离它左边的小海龟的方向移动，那么请问：4 只海龟是否会重新回到屋子的 4 个角落？

奎伯的火柴

麦勃小姐给奎伯教授提出了一个摆火柴的问题："只移动 2 根火柴，最终要形成 4 个同样大小的正方形。火柴不能折断，不能交叉，也不能重叠。"

"这种游戏已经过时了，麦勃小姐。"奎伯教授说，"移动这两根不就完了？"

奎伯教授拿掉 4 根火柴，桌上只剩 12 根火柴。"我给你摆一个，麦勃小姐，"奎伯教授说，"用这 12 根火柴摆成 6 个同样大小的正方形。"

麦勃小姐苦思冥想终无良策，看看您是否能帮她一下？

火柴游戏

聪明的麦勃小姐要解决奎伯教授提出的问题。必须考虑到奎伯教授并没有要求火柴要保持在同一个平面上。如果把问题引向三维空间，那么 12 根火柴就可作为一个立方体的 12 条棱组成一个单位正方体，它的 6 个面都是大小一样的正方形。这和罗杰小姐切乳酪的妙想相类似。

同样的问题也许大家更为熟悉，用 6 根火柴组成 4 个全等的等边三角形，那就是把 6 根火柴组成一个正四面体。

下面有另外 6 个问题，也是摆火柴或牙签的问题，解决它们都需要一点技巧，试试看你能解决它们吗？

（1）移动最少根数的火柴，把图 2-11 变成正方形，怎样能使挪动的步骤最少？

图 2-11

（2）如图 2-12 所示，移去最少根数的火柴，使得剩下 4 个同样大小的三角形，且不允许顶点完全分离。

（3）移动最少根数的火柴使鱼首尾转向（图 2-13）。

（4）移动最少根数的火柴使猪头尾转向（图 2-14）。

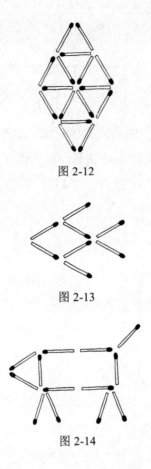

图 2-12

图 2-13

图 2-14

（5）移动最少根数的火柴，使樱桃到老式杯子的外面去。杯子可以转到任何方向而樱桃不能动（图 2-15）。

图 2-15

（6）移动最少根数的火柴，使橄榄从马提尼杯中出去，杯子可以转向任何方向而不能移动橄榄（图 2-16）。

图 2-16

如果我们给出每个问题的具体解法，恐怕不是令人扫兴就是画蛇添足，所以在这里只给出解决每个问题所需移动火柴的最少根数：

　　（1）1　　（2）4　　（3）3　　（4）2　　（5）2　　（6）0

奇妙的剖分

兰莎是个测量员，他善于把各种奇形怪状的地皮剖分成若干全等的小块。

一次，有人请他把这块地皮划分成全等的 4 块，你认为他要怎么分呢？

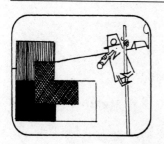

这是唯一的剖分方法。

又有一次，有人请他把这块土地划分为 4 个全等的部分。这可不是件容易的事情。

但是，经过一番苦思冥想，他终于解决了问题。

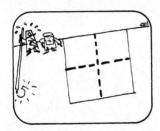

把 1 块正方形地皮划分成 4 块全等的小正方形，这对于兰莎来说自然不成问题，但是要把它分成全等的 5 块，兰莎有些犯难了。

"这如何是好！"兰莎暗想，"一定能找出一种办法来，噢，有了！"你知道兰莎想到怎样分割了吗？

"真是聪明一世糊涂一时，"兰莎想，"用这种方法可以把一个正方形分成任意多个全等的部分！"

剖分理论

　　拿兰莎的三个问题来和朋友开个玩笑倒是挺有意思。前两个问题的答案都不是规则的图形。这些图形的巧妙分割表明，1 个正方形既然不能被分成 5 个小正方形，那它一定能被分成 5 个别的什么形状。解答方法如此浅显却很少有人想到，这真是令人遗憾。而这种方法又是把正方形 5 等分的唯一方法。

　　如果你的朋友对这类问题有兴趣，你可以接下来给他（或她）出第四个类似的问题。首先让你的朋友看看图 2-17 所示的图形，怎样能把它分成全等的 4 部分？再问能否把它分成全等的 3 部分？

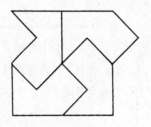

图 2-17

　　你的朋友可能经过一番思索便知难而退了，这时你把答案给他（或她）看看，面对如此浅显的解答，你的朋友一定会目瞪口呆。这个问题的解法同兰莎剖分正方形的思路如出一辙，答案如图 2-18 所示。这个方法同样可以把这个图形剖分成任意多个全等的部分。

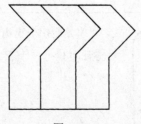

图 2-18

这类问题和前面切乳酪的问题一样，都属于趣味数学的一个重要分支，有时称作"剖分理论"。它为我们解决平面几何和立体几何中的许多实际问题提供了有效的思路。兰莎的头两个问题更有趣，因为剖分后的小块与剖分前的大块形状相似。如果一个图形能分成若干彼此全等而又与原图形相似的小图形，那么，这个图形就叫作"编织图形"。

图 2-19 又列了几个编织图形，你能把它们分别分成若干彼此全等又和原图形状相似的小图形吗？

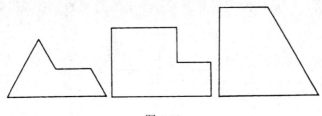

图 2-19

显然，若干小的编织图形可以拼成同形状的大编织图形。假设某种可编织图形能够取之不尽，用之不竭，便可以非周期性地铺满整个平面。比如，兰莎解决的第一个问题中的那种 L 形编织图形，4 个同样的小 L 形可以拼成 1 个大 L 形，4 个同样的大 L 形又可以拼成 1 个更大的 L 形。把这一过程无限地继续下去，结果当然会拼成 1 个无穷大的平面。反之，1 个大 L 形也可以分成 4 个小 L 形，1 个小 L 形再分成 4 个更小的 L 形。这样无止境地分下去，图形会越来越小，直至无穷小。

关于编织图形我们研究得还很不够。凡已知的编织图形都可以通过周期性的重复的拼接而充满一个平面。也就是说，用一些编织图形按某种方式铺满平面后，可在其中找到一种基本图形，由这种图形通过平移就可铺满平面，而不需要旋转和反射。是否存在一种不能周期性地铺满平面的编织图形，这是拼接理论中一个尚未解决的比较艰深的问题。

关于空间的编织图形我们研究得就更有限了。立方体属这类空间的编织图形，因为 8 个立方体可以组合成一个大立方体，就像 4 个正方形拼成一个大正方形一样。你能再想出别的立体的编织图形吗？

如果我们不要求剖分后的全等小图形与原来的图形形状相似，那么我们还能提出许多不平凡的问题。如图 2-20 所示，是一个由 5 个小正方形拼成的 T 字图形，它不能被划分成 4 个更小的 T 字图形，但是你能把它分割成 4 个全等的别的什么图形吗？

图 2-20

甚至把一个平面图形剖分成两个全等图形的问题也可能并不容易。图 2-21 给出了几个例子，你有兴趣试着剖分一下吗？答案见本书的附录（1）。

剖分理论还有一个优美的分支，是将已知的多边形剖分成尽可能少的几部分，当然形状不限，然后这些部分可以重新组合成另一个不同的给定的多边形。例如，一个正方形最少要被分成多少部分，使被分割的部分能重新组合成一个正三角形？（答案是 4 部分）这方面的内容在哈利·林格伦著的《几何剖分趣味问题及其解法》一书中有详尽而精彩的论述。

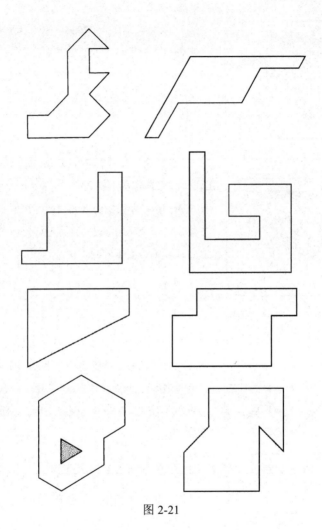

图 2-21

欧几里得小姐的立方体

欧几里得小姐把一个很大的立方体木块放在桌上，然后对学生们说："今天给大家出一道应用题。关于这个立方体，我要问三个问题。"

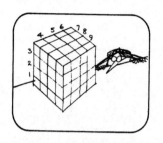

"假如我们有一个台锯，锯 9 次就能把这个立方体分割成 64 个小立方体。"

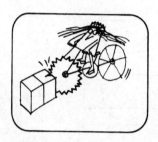

"如果在每次下锯之前，允许我们把切下的部分重新摆放，那么我们锯 6 次便可切出 64 个小立方体。第一个问题就是，请证明，要切出 64 个小立方体，最少要锯 6 次。"

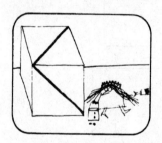

学生们开始忙于解第一道题。欧几里得小姐又在立方体的相邻两面上画了两条对角线，并且这两条线有一个公共顶点。"第二个问题是，"欧几里得小姐说，"求出这两条对角线平面夹角的度数。"

欧几里得小姐把一把直尺放在木块上，准备提出最后一个问题："怎样用最简单的方法，只用直尺来量出 AB 两点的空间距离？"对这几个问题你打算怎样解决？我可以解决其中两个问题。

欧几里得小姐的立方体

第一个问题的解法：要证明将一个 $4\times4\times4$ 的立方体切成 64 个小立方体，至少要切割 6 次（每一次切割后都可以重新摆放每一块的位置），只需考察处于大立方体内部的 8 个小立方体中的任意一个。这种小立方体的 6 个面都处在大立方体的内部，没有任何一面暴露于大立方体的表面，因此，小立方体的每个面都必须在切割 1 次之后才能"曝光"。所以，要切出这样一个小立方体至少需要切割 6 次。

那么，是否有一个一般的方法，用最少的切割次数把一个各边都是整数的长方体切成若干个单位立方体，当然在切割的过程中允许把切下的部分任意重新摆放。回答是肯定的，具体方法如下：从相交于一个顶点的 3 条棱中的任意一条出发，确定其最少需要几次切割才能把立方体切成只有一个单位高的长方形块。为了使切割的次数最少，应尽量从靠近一半的地方下锯，然后把切开的两块叠合，再从接近中点的地方下锯，直至锯成一个单位高的长方形块为止。下一步再把长方形块锯成一单位宽的条，最后把条锯成单位立方体。3 次切割最少次数之和就是要求的最少切割次数。

例如，一个 $3\times4\times5$ 的木块至少需切 7 次：长度为 3 的边需切 2 次，边长为 4 的需切 2 次，边长为 5 的需切 3 次，一共需切 7 次。这种一般切法的证明发表在 1952 年出版的《数学杂志》上。

第二个问题的解法：解决这个问题的思路是，在立方体的另一个面上画一条对角线，使这条线与原有的两条对角线一起构成一个等边三角形，见图 2-22。这三条线相等，构成一个等边三角形，那么这个三角形的每个内角都是 $60°$，所以欧几里得小姐提问的答案是 $60°$。

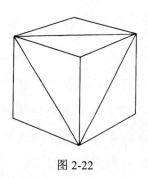

图 2-22

对这个问题我们还可以进一步引申一下，假如欧几里得小姐（图 2-23）在立方体上画两条线，A、B、C 分别为 3 条棱的中心，那么 AB 与 BC 所夹的平面角的度数是多少？

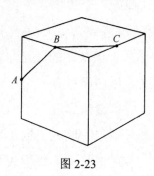

图 2-23

思路同前。首先，依次连接另 4 个面上相应棱的中点，使之形成一个绕立方体一周的封闭图形。这个封闭图形 6 条边，每边等长，而且每两边的夹角相等。如果我们能证明这个六边形的 6 个顶点都在同一平面上，那么这 6 条线构成的封闭折线必然是正六边形。而证明这 6 点共面需要一点演绎或者解析几何的知识，不过你可以实际操作一下，把一个正立方体木块沿着问题中涉及的 6 个棱的中心锯开，你会发现这个切面恰好把立方体两等分，6 点确实共面。

一个正立方体可以这样一分为二，且切面是一个正六边形，这一事实似乎不好想象或者有点出人意料。但是事实既然如此，我们只好把最初那两条线看作是这个正六边形的两条邻边，而其夹角则是正六边形的一个内角，即 120°。

从图 2-23 中我们还可以想到另外一个有趣的问题。假如一只苍蝇循着立方体的表面从 A 点爬向 C 点，请问，由 AB 和 BC 两条线段连接的路线是否为苍蝇爬行的最短路线？

这个问题的思考方法是，设想我们"展开"这个立方体，使相邻两面处于一个平面上，那么在这个平面上连接 AC 两点的线段就是从 A 到 C 的最短路径。需要注意的是这样做的具体途径有两个：或者把在上的一面和对着我们的一面展开成一平面；或者把对着我们的一面和右边的一面展开成一平面。前一种情况 AC 长 $\sqrt{2}$，后一种情况 AC 长 $\sqrt{2.5}$，这说明图 2-23 画出的线路就是从 A 到 C 的最短路径。

第三个问题的解法：你完全可以先量一下立方体的棱长，从某一个面上测量，得到数据后两次利用勾股定理求出要求的空间对角线的长度。可是有一个更简单的方法，找一个长方形的桌子，将立方体置于桌角，使立方体的两边与桌面的两边平齐，然后再在离桌角 x 处的桌边上做一记号，这里 x 是立方体的棱长。然后将立方体沿桌边平移到记号的另一边。如图 2-24 所示，这时 A、B 两点间的距离就是所要求的立方体的空间对角线的长度，它可以用尺子直接量出来。

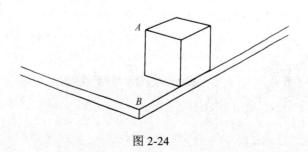

图 2-24

有一个大球，要量出它的半径，而尺子的长度只是大球直径的三分之二，怎么办？一个简单的方法是，在球上某部分涂上口红或别的什么颜色的涂料，然后把这个球放在地板上靠近墙边，让涂色处与墙面接触，那么口红就会在墙上留下了记号，这一点距地面的高度很容易用尺子直接量出，其长度即大球的半径。

你能用类似的巧妙方法测量出圆锥体或正四面体的高吗？你能用木匠的角尺测出圆柱形管子的半径吗？

关于地毯的困惑

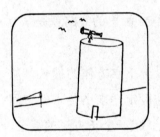

有人请泰克地毯公司去为某新建机场的环形通道铺设地毯。

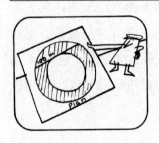

当泰克先生拿到设计图时，他有些生气：与内圆相切的一条弦的长度是唯一给出的尺寸数据。

"这就难了，"泰克想，"两圆之间画有阴影的环形面积不知道，怎么能估计出地毯的造价呢？最好去找找设计师萨普先生。"

萨普先生是个优秀的几何学家，他对此倒是处之泰然："有这一个数据就够了，把这个数据代入我的公式就能求出圆环的面积。"

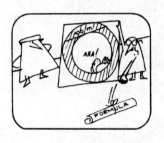

泰克先生有些惊奇，但略一思索，便现出了笑容："谢谢你，萨普先生，无须劳驾你动用什么公式了，我可以马上得出答案。"

您知道泰克先生是怎么想的吗？

奇妙的定理

泰克先生是这样思考的：我知道萨普先生是一个优秀的几何学家，他一定有一个公式，仅仅知道与内圆相切的外圆的一条弦长就可以求出环形的面积。另外，在保证弦长 100 米不变的情况下，内外圆的半径可以做任意的调整。

泰克先生继续推想，当内圆半径逐渐减小最终成为零时，圆环就衍变为圆，直径就是 100 米长的弦。这时圆的面积是 $\pi \times 50^2$（或约 7854）平方米。如果求圆环面积的公式确实存在，那么这个圆的面积就必然是所求圆环的面积。

一般地说，任何一个圆环的面积都必然与一个圆的面积相等，这个圆的直径就是圆环中可以画出的最长的线段。这个奇妙的定理很容易利用圆面积公式来证明。

把这个问题拓展到三维空间，要求出以圆环为横截面的圆管的体积，已知截面圆环中最长线段的长度，如图 2-25 所示，那么

我们就可以用这个长度来求出圆环的面积，再用面积乘以圆管的
高度来求出圆管的体积。

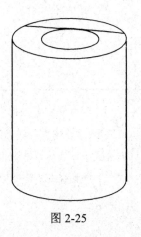

图 2-25

　　下面的问题看起来与圆环的问题没什么相似之处，但结论却
有异曲同工之妙。一个球体，穿过球心钻一个 6 厘米长的圆柱体
孔洞，请问剩下的部分体积是多少？没有别的已知数据，看起来
体积无法确定。但是，问题的解答并不需要计算：球体剩余部
分的体积始终与某个球的体积相等；这个球的直径就是那个洞
的长度。

　　这里我们依旧按照泰克先生的思路去推想，假设有一个公式，
仅根据洞长 6 厘米就能算出球的体积，那么钻洞后剩下部分的体
积一定和洞的直径无关。所以，我们把洞的直径减小到零，孔洞
变成一条直线，剩余部分实质上便是一个完整的球体，它的直径
是 6 厘米，那么答案便是

$$\frac{4}{3}\pi \times 3^3 = 36\pi \text{ 立方厘米}$$

蛋糕的奇异切法

琼斯先生与他的妻子、10 多岁的儿子及 7 岁的女儿苏珊共进晚餐。

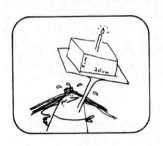

今天是苏珊的生日，琼斯太太特地做了一个方形蛋糕。蛋糕长、宽均为 20 厘米，高为 5 厘米，上面和周围四面是一层奶油。

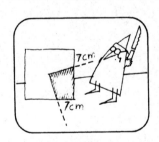

"噢，多么美妙的蛋糕!"琼斯先生说，"刚好够我们大家分享。我要先给苏珊切一块，因为她就快 7 岁了。我要分别从两边距角顶 7 厘米处开始向中心切。"

切下的一块形状很不规则，苏珊看到之后便开始抱怨起来："您给我切的这块不够啊，爸爸，它不到整块蛋糕的 $\frac{1}{4}$，而且奶油也不够。"

她哥哥不同意了："你太贪心了，苏珊，我觉得爸爸分给你的太多了，你应该拿回来一些。"

琼斯先生说："别争了，你们俩都不对。我切下这块正好是整个蛋糕的 $\frac{1}{4}$，而且奶油也一点不少。"您知道琼斯先生为什么这么说吗？

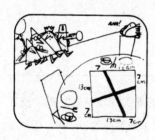

您可以延长蛋糕上的两道切痕，经过中心后直至对面，那么显而易见蛋糕被分成全等的 4 块。对吧？

蛋糕的切法

切蛋糕的方法问题很容易推广到一般的正多边形上。例如，一个蛋糕是正三角形的，那么从这个蛋糕的中心向外切两刀，保证两条切痕之间的夹角是 $\frac{360°}{3}=120°$，如图 2-26 所示，切下的这一块就一定是整块的 $\frac{1}{3}$。画一根虚线可以把问题看得更清楚。再比如，一个蛋糕是正五边形的，那么两条切痕之间的夹角就应该是 $\frac{360°}{5}=72°$，就能保证切下这块是整块的 $\frac{1}{5}$。如果蛋糕是正六边形的，两刀切痕之间的角度便是 $\dfrac{360°}{6} = 60°$，使切下的这块是整块的 $\dfrac{1}{6}$。

这种切法可以推广到任意正多边形，当然有时两刀切痕之间的角度不一定是整数。

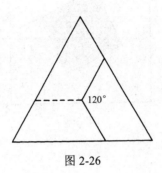

图 2-26

如图 2-27 所示，这样把一个正方形分成全等的 4 块，这是数十年来就有的剖分问题。但如果你把已分割下来的 4 块给你的朋友，让他拼成一个正方形，一般说来他会感到困难。如果他能拼成一个正方形，那么你再让他仍用这 4 块拼成两个正方形。

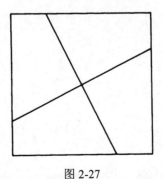

图 2-27

这个问题多少耍了一点花招，因为只有像图 2-28 那样拼才能解答这个问题。而这样拼的结果又是外框是正方形，中央是一个正方形的孔洞。这个孔洞的大小取决于每一刀的刀痕与原正方形的边所形成的角度的大小。如果这个角度是 90°，那么孔洞是零；如果这个角度是 45°，那么孔洞就达到它的最大状态。

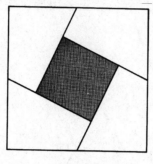

图 2-28

❸ 数字

关于算术的
谜题

"算术"一词可用多种方式定义，本章讨论的范围只限于整数以及对整数进行加、减、乘、除四则运算的结果。

在人类早期（具体时间无从考证）的某个时候，原始人类逐渐发现了事物是可以计数的，并且计数的结果与计数的顺序没有关系。比如，你用手指计数两只羊，不管你从哪只羊开始数起，也不管你从拇指还是小指开始数起，最后总是数到 2 为止。如果你数完两只羊后还有一只，那结果总是数到 3。

人类对形如 2+1=3 这样的计算法则的认识一定是经历了极为漫长的时期。如果我们能打开一幅历史的发展画卷，我们一定无法找到一个单一的年代能够令我们说"这就是人类发现算术的年代"。这同儿童们对数的认识过程一样，某一小孩可能在某一时刻第一次说出 1+1=2，但在他第一次用词语描绘它以前，他可能对这一式子的认识已经很久了。

尽管算术中所有正确的定理都是由公理和数制的定义推导出来的，但并非一听就能判断某一算术命题的真伪。比如，某人声称 12 345 679×9=111 111 111，如果你不用乘法验证一下，你可能不完全相信。有些算术方面的命题看起来很简单，但其内涵却很深奥，以至于可能没有人知道其正确与否，"哥德巴赫猜想"就是一个很著名的例子。任何一个大于 2 的偶数都可表示为两个素数的和吗？迄今还没有人能证明它是正确的，但也没有人能举出反例。

本章介绍有关计数的一些简单问题。只要思路对头，这些问题都不难解决。我们选编的问题虽然都是最基本的，但可从中引申出一些重要的概念及技巧，甚至可以导出过去称为高等"算术"，现在称为"数论"的某些深刻的思想。例如，本书中"唱片要割开吗"一节可引出"丢番图"分析：求不定方程的整数解。"多余的一个"涉及非常重要的最小公倍数的概念，并根据"中国剩余定理"设计了新的数学游戏。

　　二分法是计算机检索及分类理论中的重要原理，猜测"电话号码"这一趣事正是以这一原理为基础的，并可由此导出二进制系统。用以证明某些艰深的数论定理的基础"鸽笼原理"是通过两个趣味问题引发出来的。其一是关于钞票的问题，其二是关于头发的问题。两个整数互素（没有大于 1 的公约数）这一事实，为证明表的时针、分针、秒针只有在 12 点才能完全重合提供了一个出人意料的简捷方法——这一定理通常只能用繁琐的代数方法才能证明。

　　瓶子计算问题通过模算术很快得到了解决。并由此引出了约瑟夫斯问题——一个古典的数论问题，可用纸牌在饶有趣味的方式下进行模仿纸牌游戏中"通吃"这一方式的典型的数字难题。

　　本章选编的一些问题虽然对于数学家来说很平常，但它却为我们初步了解数论各个分支的大体内容指出了道路。同时，它也让我们体会到，不管现代数学发展到了什么阶段，那些古老的，也是最基本的计数问题仍将是丰富多彩和魅力无穷的。

唱片要割开吗

　　鲍勃和海伦是一对难题迷，他们最喜欢的消遣方式就是相互出难题来难住对方或他们的朋友。

　　一次，当他们两人路过一个唱片商店时，鲍勃提出了问题。

　　鲍勃：你那些西部田园音乐唱片还在吗？

海伦：没有了，我把我所有唱片的一半再多半张给了苏茜。

海伦：然后我又把剩下的唱片的一半和半张唱片送给了乔。

海伦：现在我只剩下一张唱片了，如果你你能猜出我原来有多少张唱片，我就将剩下的一张唱片送给你。

鲍勃被弄糊涂了，因为他不明白半张唱片还有何用，因而他被迷惑住了。

突然鲍勃得意地"哈"了一声，他悟出了并没有哪一张唱片被割裂成两半。他很愉快地回答了海伦的问题，海伦也只好把最后一张唱片送给了他。那么，鲍勃悟出问题的诀窍是什么呢？

化整为半

谈起某些物体的一半再加上一个的 $\frac{1}{2}$ 时，你是否下意识地为其不是一个整数而感到困惑？如果是这样，你可能就会从割开唱片的角度来考虑解决问题，那就误入歧途了。实际上问题的诀窍在于领悟到奇数张唱片的一半再加上一张唱片的一半，这时唱片的张数正好是一个整数。

因为海伦第二次赠送后，只剩下 1 张唱片，所以在她赠给乔之前，她一定有 3 张唱片，3 的一半是 $\frac{3}{2}$，那么 $\frac{3}{2}+\frac{1}{2}=2$，所以海伦第二次送出的礼品是 2 张唱片，最后她只剩下 1 张完整的唱片。现在倒过来往前推算，问题就很简单了。海伦开始时一定有 7 张唱片，其中 4 张送给了苏茜。

这问题当然可以通过代数方法解决。列出方程，然后求解，这是初等代数中有代表性的练习。但可能令你惊讶的是，这么一个简单的问题，列出方程式却比较复杂：

$$x-(x/2+1/2)-\left[\frac{x-(x/2+1/2)}{2}\right]-\frac{1}{2}=1$$

改变一下参数，就很容易形成同一类型的新问题。例如，假定海伦的赠予方式不变，即每次把她的唱片分成两半再加上半张作为 1 份礼物，但这样一共赠送 3 次而不是 2 次，最后她一张唱片也没有了，那么她最初有多少张唱片？结果非常有趣，唱片的数目与原来一样，仍是 7 张，第三次送礼是把最后一张也送人了。假如把"对半分"的过程改成重复 4 次，最后剩下 1 张唱片，那么她开始有多少张唱片？若送礼 5 次呢？这些数可以产生一个什么样的数列呢？

另外，每次赠送出礼品的参数也是可以是变化的。假如海伦每次赠送出她的唱片的 $\frac{1}{3}$ 再加上 1 张唱片的 $\frac{1}{3}$，送两次后，她还剩下 3 张唱片，那么她开始时有多少张唱片呢？如果重复上述过程 3 次，最后还剩下 3 张唱片，此时是否有解？通过变化参数，包括赠送次数、每次的数量和最后剩下的完整唱片数，你会发现在每一张唱片都不被割裂的情况下，此类问题并不是总有解的。那么在什么样的前提条件下这类不需割裂唱片的题目才能设计出来呢？

其实，在每一次赠送时，也并不要求每次的分数量完全相同，比如，在下面这个问题中，每一步的分数量是不同的。

一个小孩养了一池金鱼。他准备将其全部卖掉，具体分 5 次售完：

（1）他卖掉全部金鱼的一半再加上半条鱼；

（2）他又卖掉剩下金鱼的 $\frac{1}{3}$ 再加上 $\frac{1}{3}$ 条鱼；

（3）他再卖掉剩下金鱼的 $\frac{1}{4}$ 再加上 $\frac{1}{4}$ 条鱼；

（4）他最后卖掉所剩鱼的 $\frac{1}{5}$ 再加上 $\frac{1}{5}$ 条鱼；

（5）最后他一次卖掉剩下的全部 11 条鱼。

当然在每一次出售时都不允许任何一条鱼切开或毁坏，那么他最初有多少条金鱼？答案是 59 条，但这问题并不像前述问题那样容易。你试解一下就明白了。

下面是一道同一类型但稍有变动的问题。

一位女士口袋内有一定数量的整元钞票，但没有零币：

（1）她花了一半的钱买了一顶遮阳帽，并给了商店外的乞丐 1 元；

（2）她花掉剩下钱的一半吃午饭并给侍者小费 2 元；

（3）她又花了剩下钱的一半买了一本书，回家前，又光顾鸡尾酒家买了 3 元的饮料。

现在，她只剩下 1 张 1 元的钞票。假设她一直没兑换过零钱，那么最初她有多少钱？（答案见本书附录答案（2））注意，在上述各例问题中，最后剩下物件的数目总是已知的。没有这一条件问题最终也是能解的，但它可能需要在整数范围内解不定方程。这类问题的一个例子曾经作为美国作家本·阿姆斯·威廉姆斯的一篇短篇小说的基本素材，那篇作品发表在 1926 年 10 月 9 日的《周末晚报》上。

这个故事的标题叫"椰子"。故事梗概是 5 个男人和 1 只猴子被失事的船丢在一座岛上。第一天，他们花了一整天的时间采摘了一大堆椰子以备充饥。夜里，其中某一个人醒了，他打算把他应得的 1 份拿出来，于是他把整堆椰子分成 5 份，最后还剩下 1 个。他便把这 1 个椰子分给猴子。然后，他藏好他的 1 份并整理好椰子堆，回去睡觉了。

不久又一个人醒了，并且产生了同样的念头。于是他又把椰子堆分成 5 份，最后又恰巧剩 1 个分给猴子。他如上整理好后也回去睡觉了。第三、四、五个人也分别重复了同样的过程。第二天早晨，当他们都醒后，把剩下的椰子分成均等的 5 份，这次正巧一个椰子也没剩下。

那么最开始他们采摘了多少个椰子？

这个问题有无穷多个答案，其中最小答数是 3121。这不是一个简单的问题。

说到这里，还有一个"抢答"问题，稍不留神就会把你蒙住：假设在一块空地上堆放着 25 只椰子，一只猴子偷走 7 个椰子，那么空地上还留有几个椰子，答案不是 18 个。

尼斯湖怪物

鲍勃：假如尼斯湖怪物的身长是 20 米与它自身长度的一半之和，那么它有多长？

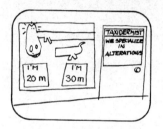

海伦：让我想想看，20 米和 20 米的一半和加起来是 30 米，那么此怪物身长一定是 30 米。

鲍勃：海伦，你这种说法是自相矛盾的，你没想到吗？这怪物怎么可能有 20 米和 30 米两个身长呢？

海伦：对了，只有当它的身长是它自身长度的一半加上 20 米时，这句话才有意义。这下简单多了，你能说出怪物的身长到底是多少米吗？

一半的长

鲍勃的意思是这样：怪物的身长是 20 米与怪物自身长度一半

的和。假设怪物被分成等长的两部分，如果怪物的长度是其中的一半与 20 米的和，那么 20 米必定是其中另一半。所以，怪物的总长度是 40 米。

这个问题列出代数方程也相当简单，设怪物全长为 x，则 $x=20+\dfrac{x}{2}$；

这个问题的解法是简单了一些。下面试试看，你能以多快的速度答出下一道类似的题。一块放在天平托盘上的砖头与另一盘中 $\dfrac{3}{4}$ 块砖头加上 $\dfrac{3}{4}$ 千克砝码保持平衡，问这种砖头每块多重？

"尼斯湖怪物"问题说明了在回答问题前明确理解题意的重要性。如果你的答案是一个矛盾的结果，那么不是此题无解就是你没弄明白题意。

多余的一个

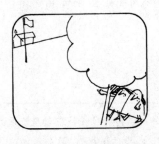

鲍勃和海伦经过公园时，他们瞧见"尼克松中学"的乐队正在做队列练习。

乐队 4 个人一排前进，一个名叫斯皮罗的可怜的小乐手单独排在最末一排。乐队的指挥为此大伤脑筋。

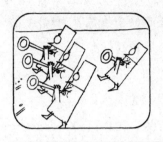
为了不让斯皮罗单独一排，乐队指挥下令让乐队改排成 3 人一排，结果又剩斯皮罗一人排在最后一排。

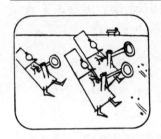
同样的，当乐队改成两人一排前进时，仍剩下斯皮罗单独一排。

虽然乐队不关海伦什么事，她还是向指挥走去。

海伦：我提个建议怎么样？

指挥：不行，小姐。请让开，别打扰我。

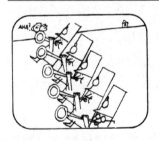
海伦：好吧！我只是想告诉你让他们排成 5 人一排就好了。

指挥：亲爱的，我正想要试试呢。

当乐队排成 5 人一排时，每一排都排满了，而且斯皮罗也不再一个人单独排在最后了。

那么这个乐队总共有多少队员？

余数推算

其实海伦只不过数出了乐队的总人数，发现它是 5 的倍数而已。但你怎样才能在没到现场的情况下，确定其人数呢？

哈！诀窍在这儿呢。当乐队排 2、3、4 列纵队时，总是剩余一个人，即斯皮罗。显而易见，有这种特征的最小数是 2、3、4 的最小公倍数再加 1。而这 3 个数的最小公倍数是 12，所以任何一个比 12 的倍数大 1 的数，被 2、3、4 整除时都余 1。所以，这个问题的答案一定是下列一串数中 5 的倍数中的一个：

　　13、25、37、49、61、73、85、97、109、121、133、145……

　　当乐队排 5 列纵队前进时，一个人也不多余。因此，人数又一定是 5 的倍数。

　　对于一个中学乐队来说，145 人太多了，所以，尼克松中学的乐队或者有 85 人，或者有 25 人。至于要确定是两者中的哪一个，我们目前还缺乏足够的证据。

　　这个问题有一个很好的变形，和上题的情况一样，不过每次以 2、3、4 路纵队前进时，最后一排都少一个人，其他与上题都一样，问现在乐队有多少人？这需要我们写出一串比 12 的倍数少 1，同时又能被 5 整除的数，它们是 35、95、155……

　　美国趣味数学专家萨姆·洛德先生出了下面一个与上题同一类型但更难一点的题：爱尔兰守神节那天，许多爱尔兰人正准备在纽约城举行一年一度的庆祝游行，指挥者先后把队伍排成 10、9、8、7、6、5、4、3 和 2 人一排前进，但每种情况下最后一排都少 1 个人，因此许多人都与指挥者开玩笑说，这个位置大概是给几个月前死去的卡茜的灵魂留着的。最后，指挥者无可奈何命令队伍排单列纵队前进。假设游行队伍的总人数不超过 5000 人，那么参加此次游行的共计有多少人？这是一道求一组数的最小公倍数的极好练习。这里涉及的最小公倍数是 2520，如果去掉"卡茜"所占的位置，最终答案是 2519。

　　如果每一次分配后剩下的人数是各不相同的，则问题似乎更难了。其实不尽然。比如，公元 17 世纪，印度算术课本上有这样一道难题：一位挎着一篮鸡蛋的妇女被疾驰而过的马所惊，鸡蛋篮掉在了地上，篮子里的鸡蛋全碎了。当问及篮子里有多少蛋时，她只能记起当她以 2、3、4、5 为一组数数鸡蛋的数目时，每次分别剩余 1、2、3、4 只鸡蛋。那么她篮子里原来盛有多少只鸡蛋呢？

这题乍看确实比上题难得多。而实际上，它与我们做过的第二题的前一部分一样，因为在每种情形下，余数都比除数少 1，因此与第二题一样，它可以通过求出最小公倍数再减去 1 来解决。

当余数与除数间的关系并不一致时，问题就会真正变得复杂了。下面是一道以这类问题为基础，借助计算器来进行的游戏，你将发现它是既有趣又迷惑人的。

魔术师背对观众坐在一张椅子上，让某位观众心中随意想定一个不超过 1000 的数，首先用 7 去除这个数并报出余数；其次再用 11 去除原来想定的数，最后再用 13 去除，并都报出余数。

为加快这一游戏的进行，这位观众用袖珍计算器算出 3 个余数。其实借助下面算法很容易算出余数：先完成除法，去掉商的整数部分，再将剩下的分数部分乘以原来的除数，得出的结果即为要找的余数。

魔术师只要知道 3 个余数，就能猜出观众想的是哪一个数，原因在于他也使用了袖珍计算器，并且利用了贴在计算器上的小纸条上的公式

$$k = \frac{715x + 364y + 924z}{1001}$$ （其中 k 为要求的数）[①]

在这个公式中，x、y 和 z 分别代表 3 个被报出来的余数，所求的数就是通过此余数公式计算出来的。

这个奇怪的公式是这样得到的。第一个系数是比 a 的倍数多 1

---

① 这个公式中的 x、y、z 代表 3 个余数，原文中为 a、b、c，易与 3 个除数 a、b、c 混淆，故改为 x、y、z。——译注

的 $b×c$ 的最小倍数。找它是有一定的法则的，但当除数很小时，比如像此题的情况，很容易得到要求的数。顺着 $b×c$ 的倍数往上推算（143、286、572、715……），直到此数被 a 除余 1 即是，本题在 $a=7$ 的情形下，系数是 715。

其他两个系数可以通过同样途径得到。第二个系数是 $a×c$ 的倍数中被 b 除余 1 的最小的数；第三个系数是 $a×b$ 的倍数中被 c 除时余 1 的最小的数。公式中分数线下面的数就是由简单的 $a×b×c$ 得来。通过这个求法，你可由任何一组给定的除数导出这样的奇怪公式，只要所给的除数两两互素（没有大于 1 的公约数），并不要求每个除数都是质数，像我们的例题那样。

这个公式的一般证明要用到同余式和"中国剩余定理"，该定理是所有数论定理中最有价值的定理之一。它在一些类似于解决科学问题那样的艰深证明中起着基础的作用。

下面做一个练习，试就一个与上面的数学游戏同一类型但较为简单的问题导出一个公式。这个问题的提出可追溯到公元 1 世纪中国数学家孙子，"中国剩余定理"即以他的名字命名。此练习中被选的数字限定在 1～105，除数是 3、5 和 7，在此情形下，公式推导相当简单，经过多次练习，你甚至可以用心算。

眼睛与腿

离开公园前，鲍勃与海伦参观了一下动物园。在一个围栏里，他们看见一群长颈鹿和鸵鸟被圈在一起。

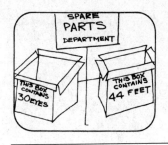

离开公园后，鲍勃对海伦说：海伦，你数过长颈鹿和鸵鸟各有多少只了吗？

海伦：我没数过。你说有多少只呢？

鲍勃：你自己去算吧！反正它们有 30 只眼睛和 44 条腿。

哈！海伦马上反应过来：30 只眼睛意味着有 15 只动物。

海伦：我可以把各种可能的情况都列出来，从没有鸵鸟而只有 15 只鹿算起，到有 15 只鸵鸟但没有鹿为止。可是我不需要这样做。

海伦：如果 15 只动物皆是双足落地，则地面上应有 30 条腿。

海伦：但你说总共有 44 条腿，那么一定有 14 条腿不曾落地而悬在空中，因而，总共有 7 只鹿，对吗？

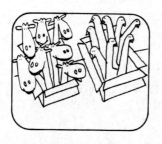

鲍勃：对了，有 7 只鹿，另外有 8 只鸵鸟。

雉兔同笼

海伦解答此问题的诀窍是很容易理解的，如果你有所怀疑，不妨通过代数方法检验一下，看看你的结果是否与其一致。

下面这道题更有趣，但要用另一种思路来解答。一个小马戏团有许多马匹和骑手，两者加起来总共有 50 条腿及 18 个脑袋。另外，马戏团还有一些丛林动物，它们总共有 11 个脑袋，20 条腿，其中 4 条腿的丛林动物的数量是 2 条腿的人数的 2 倍。那么马戏团有多少匹马、多少名骑手和多少只丛林动物？

你会毫不困难地算出总共有 7 匹马、11 个骑手，但当你试图计算丛林动物的数量时，你会惊奇地发现，你得出了一个负数。

在翻阅书后答案（详见本书后附录答案（3））之前，你能解释这个问题吗？

吓人的碰撞

出了公园后，当他们上了鲍勃的赛车时，鲍勃提议把海伦送到她父母的新居去。

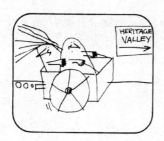

路上，鲍勃突然想起了一个有趣的问题问海伦。

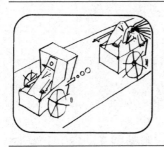

鲍勃：看前面那辆卡车开得真快，我们超过它怎样？

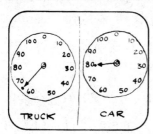

鲍勃：假定它以 65 千米/小时的速度前进，我们以 80 千米每小时的速度追赶它。

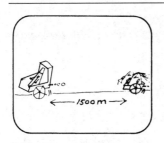

鲍勃：现在假定两车间的距离是 1500 米。

鲍勃：假如我们都保持现有速度并且不超过它，那么两车一定会相撞。你现在要回答的问题是，当我们只差一分钟撞上它时，两车相距多远？

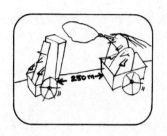

海伦：这太容易了。碰撞前 1 分钟，两车相距 250 米。海伦答对了，你能解释为何她能回答得这么快吗？

逆推法

尽管这个问题可以通过代数方法"硬算"，但海伦使用了这样一个技巧，即她认识到要从时间上往回推算，这样，答案很快就得到了。

卡车以 65 千米/时的速度匀速行驶，鲍勃的车以 80 千米/时追赶，因此后车相对于卡车的速度始终保持 15 千米/时，或者说 15 000 米/时，这相当于 250 米/分。因此，在碰撞前 1 分钟，鲍勃的车在卡车后 250 米处。

我们已知当鲍勃提出问题时，两车相距 1.5 千米，但这个条件在解决此问题时并不是必需的。不论最初两车相距多远，问题的答案都是一样的。

下面是两道同一类型的问题，也是利用从时间上倒推来解决的问题。

（1）两艘太空船正沿着同一直线轨道相向飞行，不久就要相撞。一艘飞船的速度是 8 千米/分，另一艘飞船的速度是 12 千米/分。假设它们开始时相距 5000 千米，那么在它们相撞前 1 分钟，两船相距多远？

这题的初始距离仍然与解题无关，但它常常把人们的思路导入歧途，即先确定两者的初始位置，然后按相向运动的时间推算。其实，最简单的办法就是领悟到两船以 20 千米每分钟的速度相互接近，因而在相撞前 1 分钟，两船一定相距 20 千米。

（2）一个分子生物学家发现了一个奇异的孢子，它每小时可以分裂成 3 个孢子，其中每一个孢子的尺寸与原来一样大。这 3 个孢子 1 小时后每一个又分裂成 3 个孢子。这个过程可以无限地继续下去。一天正午，这位生物学家将一个单一孢子放入了一个容器内，午夜时，容器刚好被孢子充满。问题是什么时候容器恰好装满 $\frac{1}{3}$。

哈！答案不也同前面一样吗？从时间上逆推，很明显，在夜间 11 点，也就是离午夜差 1 小时，孢子装满容器 $\frac{1}{3}$。

现在我们用此题一个新而有趣的变形来检验一下你寻找解题窍门的能力。本题条件除了生物学家放在容器中的孢子是 3 个而非 1 个外，其他条件完全一样。问何时容器刚好盛满（答案见书后附录答案（4））。

奇怪的商品

当他们到了海伦父母家时，海伦递给她爸爸一个袋子。

海伦：爸爸，这是您要在五金商店买的东西。

布朗先生：谢谢你，孩子。总共多少钱？

海伦：我花了 3 元钱买了 500。

布朗：3 元钱？那就是说 1 元钱一个喽。

海伦：是的，爸爸。

海伦究竟买的是什么？

单价

哈！这里问题的奥妙是对 500 可以有两种解释。一种是纯粹作为一个数字，另外是作为 3 个数码。如果一个数码价值 1 元，3 个数码正好是 3 元钱。海伦买了 3 个住宅号码数字。

通过这个问题你应该学会在解决问题时要仔细分析已知的条件，弄清题意。

猜测电话号码

鲍勃：海伦，你还没按老例把你新家的未入册的电话号码告诉我呢！

海伦：你可以认为我们实际上不打算把电话号码告诉别人，但我可以用"是"或"不是"回答你 24 个关于电话号码的提问。

鲍勃：可是，海伦，差不多有 1 000 万个可能的电话号码，我怎能在限于 24 次提问中猜出来呢？

海伦：嗨！你仔细想想吧，我想你能猜得出来。

没过多久，鲍勃想出了一个简单的办法，它绝对能在 24 次或少于 24 次的提问中确定某人的 7 位数电话号码。假如你也能想出这个办法，不妨拿它与你的朋友们试一试。

猜测电话号码

鲍勃领悟到，用"对"与"错"这种提问方式来辨别出一个集合中某一特定的元素，最有效的办法是：如果集合的元素个数是偶数，则把它分成两个包含同样多元素的子集；如果是奇数，则把它分成两个元素个数相差为 1 的子集。然后我们提问：在这两个子集中哪一个包含了要找的那个元素。得到答复后，对相应的子集再重复同样的过程。最后只剩下原集合的一个单元素子集，那正是我们要找的那个元素。

很显然，我们要在两个元素组成的集合中找出一个元素，一次提问就够了。在 4 个元素组成的集合中找 1 个元素，必须提问 2 次，如果提问 3 次，就可以在 8 个元素组成的集合中找出 1 个元素。推广到一般，n 次提问便适用于一个由 2^n 个元素组成的集合。

在猜测电话号码这个问题上，24 次提问就足以猜出任意一个不大于 $2^{24}=16\ 777\ 216$ 的数，这个数比 9 999 999 大，即大于所有的 7 位数。而 $2^{23}=8\ 388\ 608$，比某些 7 位数的号码小，所以 23 次提问有时是不够的。

因此，鲍勃的第一个提问是："这个号码比 5 000 000 大吗？"答案马上把一切可能的 7 位号码去掉了一半。按这种方式继续提问下去，在经过 24 次或少于 24 次的提问之后，一定能找出所要的号码。

因为很多人没有体会到一个按倍数增加的数列增加的速度有

多快,所以难于相信,在不多于 24 次的提问中就能获得从 1 到 1600 万中的任何一个数。也是由于这种增长的神速才使我们能够解释,为什么通过"对"和"错"这种提问来猜测某人正在思考什么是非常容易的,无论这个人想的是什么。

如果你擅长使用二分法(比如,问一些类似这样的问题:"这是生物还是非生物?""这是动物还是植物?"等),你很可能在 20 次或不到 20 次提问中就能猜出某人正在思考的是什么,比方说自由女神头上的皇冠。

我们介绍的通过 24 次提问猜测电话号码的办法,是被计算机专家们称为"二分法"的算法。一个以"二分法"原理为基础的数学游戏运用了如图 3-1 所示的 6 张卡片。游戏的方法是:把这些卡片给一个人看,请他在 1~63 之间想好一个数,然后把包含这个数的那些卡片交给你,你马上能猜出他想的是哪一个数。

1	3	5	7	9	11	13	15
17	19	21	23	25	27	29	31
33	35	37	39	41	43	45	47
49	51	53	55	57	59	61	63

A

2	3	6	7	10	11	14	15
18	19	22	23	26	27	30	31
34	35	38	39	42	43	46	47
50	51	54	55	58	59	62	63

B

4	5	6	7	12	13	14	15
20	21	22	23	28	29	30	31
36	37	38	39	44	45	46	47
52	53	54	55	60	61	62	63

C

8	9	10	11	12	13	14	15
24	25	26	27	28	29	30	31
40	41	42	43	44	45	46	47
56	57	58	59	60	61	62	63

D

16	17	18	19	20	21	22	23
24	25	26	27	28	29	30	31
48	49	50	51	52	53	54	55
56	57	58	59	60	61	62	63

E

32	33	34	35	36	37	38	39
40	41	42	43	44	45	46	47
48	49	50	51	52	53	54	55
56	57	58	59	60	61	62	63

F

图 3-1　二进制卡片

这个数的得出很简单，就是把那人给你的每一张卡片上的第一个数都加起来，所得的和就是他心里想的那个数。

这些卡片是按一定的规则设计的。把 1～63 之间的数写成二进制数形式，如图 3-2 中的表中左边的数字是十进制形式，每一个数的右边则是该数在二进制数中相应的表示形式。

图表表头的 6 个数字是 2 的各次幂，它们用来形成二进制数的基数。以"1"开头的那张"智力卡片"（图 3-2）把所有（十进数）在右边的表示形式中最后一位数字是 1 的区分开来，以"2"开头的卡片则包含了右边那些倒数第二位数字为 1 的数，其余 4 张卡片照此类推。

这种"智力卡片"很容易推广到以大于 2 的数的乘幂为基数的另一种进位制。图 3-3 说明了如何设计以三进制数为基础的卡片的方法。在此情形下，每个三进制数中可能包含 0、1 或 2 三个数字。当一个"1"在数中出现时，我们把相应的十进制数在相应的卡片上记一次；当一个"2"出现时，我们把相应的十进制数在相应的卡片上记两次。

图 3-4 是三张一套的智力卡片，用以判别从 1～26 中任一个被选定的数，只是当你收回一张卡片时，都要让他告诉你他选的数在此卡片上出现一次还是两次。如果出现了两次，那么在做加法时，你一定要把这张卡片的头一个数字乘以 2。

或许你也想把这一游戏推广到 6 张卡片。正如我们所知，6 张二进制的卡片能识别数的范围是 1～63，那么 6 张三进制的卡片能识别数的范围是多少呢？答案是 1～728。这样，如何归纳高于三进制数字系统的方法就很容易理解了。比如，以 4 的幂为基数制成的一组卡片，在一张卡片上一些数字可能重复两次，也可能重复 3 次。如果重复 3 次，在你做加法前，你必须把卡片的头一个数字乘以 3。

十进制数	二进制数					
	25	24	23	22	21	20
0						0
1						1
2					1	0
3					1	1
4				1	0	0
5				1	0	1
6				1	1	0
7				1	1	1
8			1	0	0	0
9			1	0	0	1
10			1	0	1	0
11			1	0	1	1
12			1	1	0	0
13			1	1	0	1
14			1	1	1	0
15			1	1	1	1
16		1	0	0	0	0
17		1	0	0	0	1
18		1	0	0	1	0
19		1	0	0	1	1
20		1	0	1	0	0
21		1	0	1	0	1
22		1	0	1	1	0
23		1	0	1	1	1
24		1	1	0	0	0
25		1	1	0	0	1
26		1	1	0	1	0
27		1	1	0	1	1
28		1	1	1	0	0
29		1	1	1	0	1
30		1	1	1	1	0
31		1	1	1	1	1
32	1	0	0	0	0	0
33	1	0	0	0	0	1
34	1	0	0	0	1	0
35	1	0	0	0	1	1
36	1	0	0	1	0	0
37	1	0	0	1	0	1
38	1	0	0	1	1	0
39	1	0	0	1	1	1
40	1	0	1	0	0	0
41	1	0	1	0	0	1
42	1	0	1	0	1	0
43	1	0	1	0	1	1
44	1	0	1	1	0	0
45	1	0	1	1	0	1
46	1	0	1	1	1	0
47	1	0	1	1	1	1
48	1	1	0	0	0	0
49	1	1	0	0	0	1
50	1	1	0	0	1	0
51	1	1	0	0	1	1
52	1	1	0	1	0	0
53	1	1	0	1	0	1
54	1	1	0	1	1	0
55	1	1	0	1	1	1
56	1	1	1	0	0	0
57	1	1	1	0	0	1
58	1	1	1	0	1	0
59	1	1	1	0	1	1
60	1	1	1	1	0	0
61	1	1	1	1	0	1
62	1	1	1	1	1	0
63	1	1	1	1	1	1

图 3-2

十进制数	二进制数		
	3^2	3^1	3^0
1			1
2			2
3		1	0
4		1	1
5		1	2
6		2	0
7		2	1
8		2	2
9	1	0	0
10	1	0	1
11	1	0	2
12	1	1	0
13	1	1	1
14	1	1	2
15	1	2	0
16	1	2	1
17	1	2	2
18	2	0	0
19	2	0	1
20	2	0	2
21	2	1	0
22	2	1	1
23	2	1	2
24	2	2	0
25	2	2	1
26	2	2	2

图 3-3

1	14—14	3	15—15	9	18—18
2—2	17	4	16—16	10	19—19
4	17—17	5	17—17	11	20—20
5—5	19	6—6	21	12	21—21
7	20—20	7—7	22	13	22—22
8—8	22	8—8	23	14	23—23
10	23—23	12	24—24	15	24—24
11—11	25	13	25—25	16	25—25
13	26—26	14	26—26	17	26—26

图 3-4

　　三进制卡片表明了这样一个事实：在某些时候，"三分法"比"二分法"效率要高得多。如果我们总是把一组数分成三部分而不是两部分，并且每一次都被告知哪一部分含有要找的元素，那么经过较少的几次提问就能猜出这个元素。然而，提问方式却不再是"对"或"错"的形式了。

　　三分法的妙用在下面的扑克牌游戏中表现得淋漓尽致。游戏使用任何 3³=27 张扑克牌。让一位观众看过并选中其中一张牌，魔术师拿过这些牌，把它们面朝上摊开分成 3 堆，然后，请观众指出他选的牌在哪一堆里面。

魔术师把所有扑克牌重新混合在一起，第二次又把它们重新面朝上摊开分成 3 堆，请观众再一次指出他选定的那张牌在哪一堆里，当观众说明在哪一堆后，魔术师又一次把牌重新混合，第三次把牌面朝上摊开分成 3 堆，当观众第三次指出所选的牌在哪一堆后，他把牌混合成一叠并且面朝下放在桌上。当观众宣布选的是哪一张牌时，魔术师翻开最上面的一张牌，恰好就是选定的那一张。这个游戏你可以不断重复，永远不会出错。

谜底很简单。魔术师每次收这 3 堆牌时都留意把包含被选定的那张牌一堆放在最上面，这自然就把被选的牌推到了最上部。这个道理并不难理解。其原理除了每次把扑克牌分成 3 堆与猜电话号码时把数字分成两部分不一样外，其他与猜电话号码一样。第一次收起牌后，被选的牌一定在最上面的 9 张牌内；第二次收起牌后，这张牌一定在最上面的 3 张牌中；第三次后，它一定是最上面的 1 张了。如果你把这 27 张牌牌面朝上来观察这一过程，你能看到被选定的那张牌向上运动的全过程：经过 3 个阶段到达最上面。通过计算机对元素按上述方法分类，在现代信息检索理论上有着重要的作用。

糟糕的帽子

鲍勃和海伦决定到海边森林里去度暑假。亨利叔叔住在那儿的一间小木屋里。

到达小屋前必须沿一条小河逆流而上，因而他们租了一条独木船。

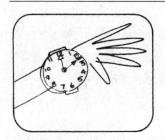

鲍勃在船头划桨，海伦在船尾划。2点钟时，海伦把草帽摘下来放在她身后的船尾上。

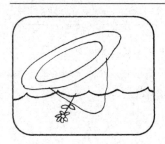

正巧一阵风刮来把它吹到了水里，当时鲍勃和海伦都没注意。

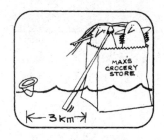

直到他们逆流划到离帽子 3 千米时，海伦才突然叫了起来。

海伦：喂，停船，我漂亮的草帽丢了。

他们马上掉转船头，顺流而下，追上了那顶草帽。

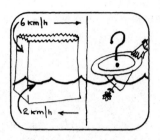

假设小船的速度总是 6 千米/时，水的流速是 2 千米/时，问海伦追到她的帽子需要多长时间。

哈！你领悟到此题的诀窍了吗？如果领悟了，此题自然十分容易。只要认识到水速对船及帽子的作用是相同的，可以不考虑即可。

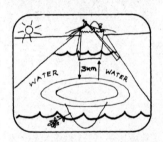

因此，相对于河水来说，小船逆行 3 千米后，再顺流向回划，追上帽子时，同样又划了 3 千米，所以总共的距离是 6 千米。

又因小船的速度是 6 千米/时，来回正好用去 1 小时，因此当海伦找回帽子时，正好 3 点钟，对吗？

相对速度

鲍勃和海伦做了一次往返运动。先逆流驶离帽子，然后再回头追及它。因为帽子始终是顺水漂流而下，因此水流对他们的划行时间并没有影响。下面有一个类似的例题，不同点是往返运动时参照的不是一个能随水漂流的物体，而是岸上一个固定的目标。

假设河里的水不流动，鲍勃和海伦从岸上的船坞划离 3 千米再返回来，来回整个过程共用了 20 分钟。

如果河里的水与前题一样，以 2 千米/时的速度流动，他们先逆流划行了 3 千米，然后再回到船坞，往返时间比 20 分钟多还是少呢？

一种说法是往返所用时间仍是 20 分钟，理由是当船逆行时，水对它有减速作用；但同样，当它往回顺行时，水对它有相等的加速作用。

这种说法对吗？为什么？

回答这个问题的诀窍如下：逆行 3 千米要比顺行 3 千米用的时间长，因此，水对船产生阻力而使小船减速的时间要比返回时它给小船加速的时间长。自然，这次往返的时间要比上次长。这很容易用代数方程来证明。

同样的思路可以应用到顺风和逆风飞行的飞机上。一架飞机在没有风时从 A 地飞行到 B 地，再返回来，所用的时间一定比有风时同样的飞行所用的时间短，而且不论风是由 A 地刮向 B 地或由 B 地刮向 A 地。

下面是另一个关于相对于陆地上一个固定物体运动的很有趣的例子：一个女孩上了列车的最后一节车厢，没有找到座位。因此，她把沉重的手提箱放在过道里。这时火车恰巧经过窗外的一个"平足鞋工厂"。然后她以匀速向车头方向行进寻找座位。5 分钟后当她到达第一节车厢时，仍没有找到座位。她转身以同样的速度往回走，一直走到她放行李的地方。这时火车恰巧经过窗外的一个"秃顶假发工厂"，此厂距"平足鞋工厂"仅仅 5 千米远，问火车的速度是多少？

　　与第一个问题一样，只要认真思考，不需知道这个女孩行进的速度和走过的距离，就能得出答案：因为沿过道往返这小女孩用了 10 分钟，而在此 10 分钟内，行李前进了 5 千米，因此火车的速度是 0.5 千米每分钟或 30 千米/时。

　　下面是一道连数学家也容易迷惑的鲜为人知的题：一个男孩和一个女孩进行 100 米赛跑，当女孩冲线时，男孩刚好跑到 95 米处，因而她赢了 5 米。

　　再赛时，这女孩想使两人最后一齐冲过终点。因此她起跑时，退后起跑线 5 米。如果他们的速度与上次一样，谁将获胜？

　　如果你认为他们最后平局，你有必要再仔细想想以找到一个妙法，它会使你发出一声会心的啊哈！（提示：在跑道上哪一点，两个小孩擦肩而过？）

　　下面是一个更有趣的"抢答题"：一个喝醉了的瓢虫位于一把米尺的一端，想爬到另一端。它每秒钟向前爬 3 厘米，向后退 2 厘米，那么它要多长时间才能从一端爬到另一端？（提示：答案不是 100 秒）

钱的故事

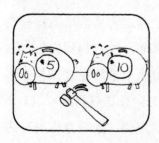

　　就在到达亨利叔叔家之前，海伦即兴给鲍勃出了下面一道貌似复杂的问题。

　　海伦：两个同样的猪形贮钱盒，一个装满每枚 5 元的金币，一个装满每枚 10 元的金币，哪一个价值更大些？

鲍勃憋了好一会儿，才找出了正确答案。然后，作为回敬，他又给海伦出了下面这道题。

鲍勃：一个苏格兰人有 44 张面值 1 元的钞票和 10 个袋子，问他怎样分配才能使各个袋子中都含有不同数目的钱。

鸽笼证法

装满 5 元金币的贮钱盒和装满 10 元金币的贮钱盒，盛有黄金的数量是相同的，所以两盒的钱币价值完全一样。你也可能认为小硬币与大硬币相比，在同样盒中占的空间密度可能大一些，但实际却完全不是这样。假如你把一个吊桶装满细砂粒，空气所占体积的比例与吊桶里装满大卵石时是一样的。

苏格兰人有 44 张面值 1 元的钞票和 10 个袋子的问题稍微复杂一点。让我们试试把数量尽可能少的钞票放入每个袋子时情况会怎么样。第一个袋子装 0 张钞票，第二个袋子装 1 张，第三个袋子装 2 张，以此类推，直到第 10 个袋子装完 9 张钞票。但 0+1+2+3+4+5+6+7+8+9=45，已经超过可能有的 44 张钞票，并且显而易见，如果不使两个袋子中钞票数相同的话，是没有办法把任何一个袋中的钞票数减少一张的。

数学家称这种证法为"鸽笼原理"。下面是一个用同样技巧解答的另一个有趣的例子。假如一个镇里的人口数量不超过 20 万，问是否可能出现两个人头上的头发根数是相同的？

凭直觉，你可能觉得这不大可能。那么，让我们看看用鸽笼原理分析时，情况怎么样？一个人的头发数量一般不超过 10 万，如果没有头发数量相同的两个头，我们需假定一个人是秃子，另一个人有一根头发，再一个人有两根头发，以此类推，但只要数过 10 万个头上头发根数与别人全不同的人以后，第 100 001 个人就不能不与前 100 000 人中某人的头发根数相同。又因为此镇有 20 万镇民，因此绝对不止两个人有同样根数的头发，而是大约有 10 万人与别人有相同根数的头发。

亨利叔叔的钟

　　海伦刚回答完鲍勃的问题，他们就到了亨利叔叔的小屋。在亨利叔叔自己建造的这间小屋里，没有电，没有电话，也没有电视机和收音机。

　　见面后，亨利叔叔说的第一句话就是：几点了？

　　海伦：叔叔，很抱歉，我们的表在来的路上丢了。难道您没有一座钟吗？

　　亨利：有的，这不挂在那儿吗？可是昨晚我忘记上发条了。你们俩先休息一会儿，我到村里看看时间，再买点吃的。

亨利叔叔步行到了镇上，花了大约半小时时间在杂货铺买了一些东西。

当他回屋时，第一件事就是拨钟。

海伦：您能确定这是准确时间吗？除非你知道你走了多远，走得多快，否则就不对。

亨利：不，海伦，我不知道那么多事情。我所知道的只是我去和回来都走的同一条路。并且快慢一样。但我却总能把钟拨准。

假如亨利叔叔临走前给钟上了发条，并且杂货铺的钟是准确的，当他回家时，怎样确定正确的时间？

拨钟

啊哈！解决问题的诀窍就在于领悟到，亨利叔叔在离家前给那座已停了的钟上了发条。因此能知道从离家到返家所用的时间。当然，他只是给钟上了发条，使其走动起来，却仍不能知道准确的时间，但他记住了他离家时钟上所指示的时刻。

当他回来时，钟上的指针记录了他离家、到杂货店购物、返家所用的全部时间。因为杂货店里有钟，因而在杂货店耽搁的时间很容易知道。他从离家的总时间（由墙上的钟测得）里减去这一段时间就得到往返路上所用的时间。又因他往返用同一速度走的同一条路，所以他路上所用时间的一半就是他离开杂货店回到家中所需的时间。把这一时间与离开商店时店钟指示的时间加在一起，就得出了他到家时的准确时间，所以他能把钟拨到正点。

下面是一个有关钟的问题，10 个人中有 9 个人回答得不对。从中午 12 点到午夜 12 点止，分针与时针相交多少次？大部分人都可能说 11 次，但正确的答案是 10！假如你不信，不妨拨一下你自己的表试试。

这个出人意料的事实隐含在另一个乍看非用代数方程就不能解的问题的答案里。钟还有一个转动的秒针，中午 12 点时，3 根针恰好全部重合在一起。那么在下一个 12 点时到来之前，3 根针是否还有重合的机会呢？首先我们要确定时针与分针有多少个重合点。你可能认为它们有 12 个重合点。但就像我们已经知道的，这样的重合点只有 10 个。所以再加上在 12 点时 3 根指针全部重合的一次就使得时针与分针单独重合的点变成了 11 个。同理，分针与秒针有 59 个不同的重合点。所以，时针与分针的重合点被 11 个相等的时间间隔分隔开。同样，分针与秒针的重合点被 59 个相等的时间间隔分隔开。我们把第一种重合之间的时间间隔数称为

A，第二种称为 *B*。如果 *A* 与 *B* 有公因子 *K*，那么两种重合同时发生的点为 *K* 个。但这里 11 与 59 没有公因子，所以，正午 12 点到午夜 12 点间，两种重合同时发生的点一个也没有。换句话说，3 根指针只有在 12 点才会完全重合。

下面看两个能使你大多数朋友上当的有关钟的"抢答"题：

（1）一座钟在 6 点时敲 6 下用了 5 秒钟，那么在 12 点时敲 12 点时用多少秒钟？

（2）假设亨利叔叔很累，他 9 点钟上床，打算明早 10 点钟起床。他把闹钟铃拨到了 10 点并在 20 分钟后沉沉睡去。那么到铃响时，他睡了多长时间。

两个问题的答案皆在书末附录答案（5）。

1776 精神

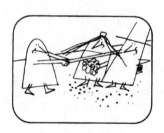

在亨利叔叔家逗留的最后一天，鲍勃和海伦告诉亨利叔叔他们就要结婚了。

亨利：太好了，孩子们，这一定要好好庆贺一下。

然后亨利叔叔拿出 5 瓶珍藏多年准备特殊场合才用的酒。但不能确定究竟应该开哪一瓶。

亨利：我知道，我们把瓶子排成 1 行，然后我按照我的幸运理论来回地数，看我怎么个数法：1、2、3、4、5……

亨利：6、7、8、9……

亨利：10、11、12、13……明白了吗？

鲍勃：明白了。我来做吧，叔叔。但您打算数到多少为止呢？

亨利：今年是 1976 年，正好是美国独立 200 周年，就数到 1976 吧！

海伦：（激动地）噢，天哪，那要数到何年何月啊。停一下，你不用数了，我马上能告诉你最后数到的是哪一瓶。

海伦：最后一定数到第二个酒瓶处，我刚刚算出来了。

亨利叔叔不信，坚持要数下去。15 分钟后，他恰好在第二个瓶子处结束了计数。

亨利：噢，上帝保佑，海伦，告诉我你是怎样知道的？

想一想，怎样能用简单的方法计算出，不论数字多大，你都能确定最后数到哪儿停止。你也可以变换一下该题与你的朋友们试一下。

模算术

海伦避免冗长的从 1 数到 1976 的诀窍是她领悟到这个问题可以通过运用叫作"模算术"或"钟算术"的方法很快得到答案。

钟算术是以 12 为模的有限算术。实际上，在以 12 为模的模算术中，12 与 0 是一致的。假定现在是 12 点整，而你希望知道 100 个小时后是几点，这只需要把 100 用 12 除，得出的余数就是。余数等于 4 说明 100 小时后，钟显示出的时间是 4 点整。这里与我们有关的只是余数。"100"这个数被认为与"4"相等（以 12 为模），只不过意味着 100 被 12 除时，余数为 4。

你明白亨利叔叔的计数方法是怎样与"模算术"具有相同原理的吗？二者唯一的不同点是中间的三个瓶子每一个代表两个数，因为它们在计数过程中按两个不同方向被数了两次。"8"数到了开始后的第二个瓶子，然后从第一瓶开始另一个周期的计数。因此这个计数过程是以 8 为模的。

海伦只要对模 8 计算一下 1976 等于多少就行了。换句话说，把 1976 用 8 除后得到的余数是零。而 8≡0（mod 8），因此，数到 1976 一定停在第 8 个即开始时第二个瓶子上。

如果亨利叔叔数的数很大时，比如是 12 345 678 987 654 321，你如果想知道他的计数最后结束在哪个瓶子的话，是否一定要将这个数除以 8 呢？其实不必。因为 1 000≡0（mod 8），你只需把最后的 3 位数即 321，用 8 除一下即可。321 被 8 除后余数是 1，这说明 12 345 678 987 654 321≡1（mod 8）。所以计数最后一定结束在第一个瓶子上。

改变瓶子的数量，你可设计出很多以另外的偶数为模的有限算术模型。如果数瓶的方式只限于通常的从左向右数，那么你就可以以任何奇数或偶数为模，建立一个有限算术模型。

"约瑟夫斯问题"是一个涉及对物体周期性计数的著名趣题，因为它取材于一则古罗马故事，故事的主人公是约瑟夫斯，与这个问题相类似的还有很多作品。下面是一个有趣的新编外国故事。

从前，一个富有的国王有一个漂亮的公主，她的名字叫约瑟芬。向她求婚的小伙子成百上千。最后，除了她选中的 10 个她最喜欢的人之外，其他人都被排除了。

几个月过去了，约瑟芬还没有最后拿定主意。国王生气了，他说："宝贝，下个月你就 17 岁了，所有公主都要在到这年龄前结婚，这是我们的传统。"

她答道："爸爸，可我还没最后决定我是否最喜欢乔治。"

"既然如此，今天我们只好通过惯例来解决这个问题。"

接着，国王解释了一下这个古老仪式的进行方式。他说："10 个人站成一个圆周，你可以根据你的意愿挑选任何一个人作为 1，然后你开始沿着圆周按顺时针方向数数，数到你的年龄——17 为止，第 17 个人必须退出这个圈。我们给他 100 金币做补偿，送他回家。"

"他走后，你再从已退出那人的下一位数起，再从 1 数到 17，数到 17 的那个人像前面一样被排除掉。依此继续做下去，每次都是对剩下的人，周而复始地从 1 数到 17，直到剩下最后一个。他就是要和你结婚的那个人。"

约瑟芬皱着眉说："爸爸，我还没搞清楚，我用 10 个金币做一下演习好吗？"

国王同意了。约瑟芬把 10 枚金币摆成一个圆圈，开始转圈数数。拿掉每一个第 17 枚，直到剩下最后一个。国王一直守候着直到他女儿完全弄清了其中的奥妙为止。

10 名求婚者被带到了王宫。他们围着约瑟芬站成一个圆圈。她一点也不含糊地从帕西瓦开始数了起来。很快地，除了她芳心暗许的乔治外，其余的人都被排除了。约瑟芬有什么诀窍使她能找到开始数的第一个人，使得数到最后一定剩下乔治呢？

下面是约瑟芬如何安排的妙谛所在。她在数金币做实验时，记住了最后留下的金币是从她开始数的那枚金币往下的第三号，因而当她数人时，就从排在乔治前面 3 位的那个人数起。

约瑟芬问题的一个推广可以用 13 张同花（如黑桃）的扑克牌来表演。你能把这些牌排成一个序列，使之能进行如下的约瑟芬计数吗？

计数开始时，把 13 张扑克牌叠成一摞拿在手中，正面朝下，称最上面一张牌为 1，翻开它时正是黑桃 A。把 A 放在桌子上，然后数 1、2，把数到 1 的牌放到最下面，把数到 2 的牌翻过来放在桌上面它正是黑桃 2。然后数 1、2、3，把头两张牌放到最下面，第三张牌翻过来放在桌上，正是黑桃 3。如此继续下去，每次从上面拿一张牌往底部放，然后再顺序拿第二张（与约瑟芬周而复始地沿圆周计数类同），直到你把 13 张牌都翻开放在桌子上，恰好是从 A 到 K 的顺序排成一行。

　　下面这个扑克牌的安排顺序（从上到下），就能保证这一戏法可以实现：A、8、2、5、10、3、Q、J、9、4、7、6、K。

　　如果你认为设计这样一个序列要浪费大量的时间，那么有一种能得到这序列的简单方法。很多玩这类游戏的能手，在领悟到使问题简化的诀窍之前，确实都花费了大量时间。

　　试试在没看书末答案（6）前，你能否解答。

❹ 逻辑

关于推理的
谜题

在本章中，我们不讨论形式逻辑问题。所涉及的问题都只需要通过推理即可解决，而无需任何专门的数学知识。有些小题，其中包含着诱人误入歧途的表述，或依文字游戏而定的答案，在某种意义上近似于谜语，但大多数题并没有对读者故弄玄虚。

这种逻辑问题，大体上说都与数学有关，一切数学问题都是建立在基本的逻辑规则上，通过演绎推理方式解决的。尽管在解答本章中的问题时，你无须懂得形式逻辑，但解决这些问题时所用到的非形式推理，从本质上讲，同数学家和科学家在面对复杂的问题时所使用的推理是一样的。

所谓复杂性，意味着一个问题具有人们还不知如何去着手解决的性质。当然，如果有一种既定的程序——例如解二次方程的方法——把每一步都分解无遗，实际上就无所谓"复杂性"了。人们只要利用适当的算法，就可按部就班地找出答案。

在数学和科学领域里经常有一些有趣的难题，其解决方法都不是显而易见的。只有进行长时间艰苦的思考，在记忆中搜寻所有相关的因素，朝着解决问题的方向努力，才有希望产生解决问题的灵感。一般来说，解决有趣的逻辑问题，为解决更重大的问题提供了一种很好的训练。

本章中的几道题，甚至与显著的数学问题联系紧密，例如"颜色搭配"及随后的一些问题，为此提供的图解方法与形式逻辑所使用的方法很相似，其中一道题阐明了一种重要的逻辑关系，被称为"实质蕴含"。在命题演算（符号逻辑中一个基本分支）中蕴含是用符号"   "来表示的。关系 A   B 意味着如果 A 是真的，则 B 也一定是真的。它是集合论中阐明"集合 B 包含于集合 A"这一陈述句的一种方式。

"归纳推理"这个词有两种本质不同的含义。

"科学归纳推理"，是科学家观察特殊情况时使用的一种方法，例如，观察到一些乌鸦是黑色的，就一跃而得全面的结论：所有的乌鸦都是黑色的。这一结论并非确凿无疑，总是存在着至少有一只未观察到的乌鸦不是黑色的可能性。

"数学归纳推理"，如在"艾奇博士的奖赏"中叙述有关帽子的测试说明时，将向您介绍的推理，则是一个完全不同的方法。尽管它也是从对特殊情况的认识而跳到对无穷序列情况的认识上，但这一跳跃是纯粹的演绎推理，它与数学的任何证明方式同样可靠，几乎在数学的每一个分支上都成为重要的工具。

此章中绝大多数问题都不像帽子问题那样复杂。尽管如此，这些问题仍能磨炼你的智慧，它将教会你考虑那些匪夷所思的可能性，你考虑的可能性越多，不管它有多么离奇，得到正确思想的期望值也越大，这是一切具有创造力的数学家的秘诀之一。

狡猾的出租车司机

一天，一位女士在纽约城招呼一辆过往的出租车。

这位女士在通往目的地的途中喋喋不休地谈着，使司机感到十分厌烦。

司机说："对不起，女士！您说的话，我一个字也没听见，我的耳朵很聋，我的助听器一整天都不好使。"

这位女士听后，便停止了唠叨。当她下车后，她突然意识到出租车司机对她说了谎。

她是怎么知道的呢？

机警的女士

这个关于女士和出租车司机的故事，在日常生活和科学方面都是很有代表性的例子。一种使人困惑的情况，在开始时令人很费解，但考虑到了所有相关的因素，问题中的一个被忽视了的方面就会突然闪现在脑海中，从而提供出解题的线索。

如果你不能马上回答出"狡猾的出租车司机"这道题，就请试着把自己放在女士的位置上，然后在脑海中串演一下事情的全过程。当你上车后，你说的第一件事是什么？当然是告诉司机要去的目的地，但如果司机是聋子，他怎么能知道你要去哪儿呢？当女士付了车费后，她突然意识到，司机并不聋，因为司机已把她送到了目的地。

以现实生活现象为基础的逻辑问题，常常有不完善的定义，它们往往需要很多未经明说的假设，这一道题也不例外。比如，你也可以想象出这样一种情况，即女士在讲述目的地时，司机正看着她的脸，因此就可根据口形知道要去什么地方。这种假设也并非不相干的狡辩，倒是表现出你有一种机敏的观察力。

科学史上的许多重大发现，都源于对事件相关因素的仔细分析。有个很好的例子说明了这一点，即在一只工蜂发现了蜜源并回到蜂箱后，其他工蜂如何知道去哪儿采集蜂蜜的问题。卡尔·弗·弗里希观察到了一种现象，在侦察蜂回来后，它总忙于一种奇妙的"舞蹈"，而这种舞蹈的意义是否是传递有关蜜源的信息呢？卡尔·弗·弗里希通过一系列精细的实验，终于证明了情况确实如此。

如果你对"狡猾的出租车司机"这题很感兴趣，就再为你提供两道有关出租车司机的问题。一位出租车司机，在纽约城沃尔多夫旅馆前接了一位要去肯尼迪机场的乘客，一路上交通非常拥挤，司机以 30 千米/时的平均速度运行，全程运行 80 分钟，司机按此收了车费。到了肯尼迪机场后，司机又接了另一名乘客，碰巧那乘客要去的是沃尔多夫旅馆。司机按刚才同样的路线和速度驶回旅馆，但这次全程运行了 1 小时 20 分钟，你能解释为什么吗？

可能要有一段时间，大多数人才能醒悟到 80 分钟和 1 小时 20 分钟是相等的。你可以给朋友们试试这道有趣的且具有迷惑性的问题。

下面是另一道涉及出租车司机的问题：

你是一名出租车司机，你有一辆黄黑色的车，且已用了 7 年，挡风玻璃上的一个刮水器坏了，化油器也需调整，水箱可装 20 加仑的水，但目前只装满了 。问你：司机有多大年龄？

这道题比前面的题更具欺骗性，尽管它在逻辑上是完美的、协调一致的。因为在开始已经告诉你，你就是司机，所以，你的年龄就是司机的年龄。

颜色搭配

出租车司机接下来把 3 对年轻人送到了夜总会。其中的 3 位女孩分别穿着红、绿、蓝颜色的服装，男孩子们穿了同样 3 种颜色的套服。

当 3 对年轻人跳舞时，穿红衣服的男孩跳到穿绿衣服的女孩旁边跟她说话。

弗兰克说：梅布尔，你看有多滑稽，我们当中没有一人跟与自己穿一样颜色衣服的舞伴跳舞。

在这种情况下，你能推断出穿红衣服的女孩的舞伴穿什么颜色的衣服吗？

穿红衣服的男孩一定在跟穿蓝衣服的女孩一起跳舞。因为那女孩不可能穿红衣服，否则他们就会是穿同样颜色的服装了。她也不可能穿绿衣服，因为当穿红衣服的男孩跟穿绿衣服的女孩说话时，绿衣姑娘正跟别人跳舞。

同样推理表明，穿绿衣服的女孩既没有跟穿红衣服的男孩跳舞，也不可能跟穿绿衣服的男孩跳舞，所以，她一定是跟穿蓝衣服的男孩跳舞。

这样，只剩下穿红衣服的女孩和穿绿衣服的男孩了。因此，我们的问题也就迎刃而解了。对吗？

颜色对应

许多人觉得要弄懂这道题的推理过程并不容易。必须在完全弄明白了每句话说明了什么之后，人们才能推断出一个清晰的结论。有一种好方法，能使所提供的信息更具条理，那就是分门别类地将它们填入图 4-1 的 3×3 方格里。

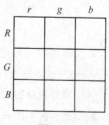

图 4-1

位于方格左边的大写字母代表男孩子衣服的颜色：R=红色，G=绿色，B=蓝色；位于顶部的小写字母代表女孩衣服的颜色。

我们知道在跳舞时没有任何女孩跟与自己穿同样颜色衣服的男孩跳舞，这样，我们就能排除 3 种不可能的组合方式，即 Rr、Gg 和

Bb。在相应的 3 个方格中，我们用阴影把他们表示出来（图 4-2）。

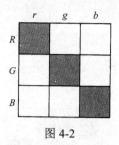

图 4-2

因为穿红衣服的男孩曾跳到穿绿衣服的女孩那边，我们由此可知他没跟穿绿衣服的女孩跳，这样又排除了 *Rg* 方格。现在 *R* 行中只剩下一个方格，说明穿红衣服的男孩一定和穿蓝衣服的女孩是一对。我们用√在方格中表示出来。我们的图形（图 4-3）现在是这样的：

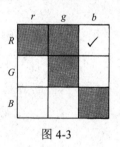

图 4-3

因为我们已经知道了穿蓝衣服的女孩和穿红衣服的男孩是一对，她不可能再跟其他任何男孩组合，因此，我们便可以在 *Gb* 方格中画上阴影。这样，在第二行中只剩下 *Gr* 方格，也就说明了穿绿衣服的男孩跟穿红衣服的女孩是一对，因此我们在与之相对应的方格中画上√（图 4-4）：

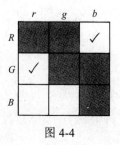

图 4-4

因为穿红衣服的女孩跟穿绿衣服的男孩是一对，所以她不可能再跟其他男孩组合，于是，我们又可以在 *Br* 格中画上阴影。这样只剩下 *Bg* 格，画上√表示穿蓝衣服的男孩和穿绿衣服的女孩是一对（图 4-5）。我们的问题就都解决了。

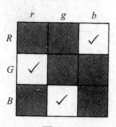

图 4-5

下面还有一个与该题本质上是一类，但难度更大些的逻辑问题，不借助图解的帮助，很少有人能够解决。

保罗、约翰和乔治是 3 位摇滚明星，1 位演奏吉他，1 位是鼓手，1 位为钢琴师。目前还搞不清楚哪位明星使用什么乐器。

鼓手打算邀请吉他手联手录音，但他被告知吉他手正和钢琴师在城外演出。

我们还知道的情况是：

（1）钢琴师比鼓手挣的钱多；

（2）乔治挣的比约翰少；

（3）乔治从未听说过约翰的事。

问 3 位明星分别使用什么乐器？

如果你绘制出一个 3×3 方格图，并按前面所讲的方法去排除所有不可能的因素，这一切若做得很正确，你将得到如下的正确答案：保罗是吉他手，约翰是鼓手，乔治是钢琴手。

用这种图表法解决逻辑问题，与用文氏图解决形式逻辑问题的方法十分相似。这两种方法，都是通过逐步排除各种不可能的因素，直至只剩下唯一的正确组合这种方法来获得答案的。就像歇洛克·福尔摩斯曾在《四种证据》中对华生医生说的那样："当你排除了所有不可能的因素后，无论留下的是什么，即使是看起来不大可能发生的事，也一定是'真正的答案'。"

下面这道题比前面的题更有趣，难度也更大。它将向你介绍形式逻辑中的一种基本的二元关系，通常称为"蕴含"。此种关系的表述方式为"如果……那么……"

住在同一公寓的 4 位女大学生，一边听音乐，一边做着各自的事情，她们 4 人分别在修指甲、梳头发、化妆和看书。

（1）迈拉既没修指甲，也没看书；

（2）莫德既没化妆，也没修指甲；

（3）如果迈拉没化妆，那么莫纳也没修指甲；

（4）玛丽既没看书，也没修指甲；

（5）莫纳既没看书，也没化妆。

问她们每人分别在做什么？

你可以把 4 位女孩和 4 件事情绘制一个 4×4 方格表。根据给出的条件 1、2、4、5 中的每一条件可排除两个方格。

条件 3 则是一个蕴含命题，它表明这样一种关系，即如果迈拉没化妆，那么莫纳也没修指甲。若 A 代表"如果……"这一分句，B 代表"那么……"这一分句，"如果……那么……"这个二元关系告诉我们，A 真不能和 B 假组合。

但它并没有告诉我们，若 A 不真时，B 的真值是什么？

因此，条件 3 可能有三种真值组合：

（1）迈拉没化妆，莫纳也没修指甲；

（2）迈拉在化妆，莫纳却没修指甲；

（3）迈拉在化妆，莫纳在修指甲。

根据 1、2、4、5 提供的条件，用阴影画去被排除在外的 8 个方格，这样就排除了 8 种不可能的组合，再根据条件 3，分别测试剩下的 3 种组合，得出的结论是：其中两种结论产生逻辑矛盾，即两位女孩做同一件事。因此，只有一种组合即"迈拉在化妆，莫纳在修指甲"没有与其他条件发生冲突。最后的答案也就是：

迈拉在化妆

莫德在看书

玛丽在梳头发

莫纳在修指甲

彼得·斯坦格提出了一个更简捷的解题办法：根据条件 1、2、4、5 所表明的情况，可知无论迈拉、莫德还是玛丽都没修指甲，因此，可得出莫纳定是在修指甲。但这与条件 3 中"如果……那么……"这一二元关系的第二部分相矛盾，由此可推出第一部分必不是真实的。这样，迈拉必然在化妆，梳头发的女孩必是玛丽。

这类逻辑问题并不难编拟，你可以尝试着用一点技巧亲自设计一道题。解题方法当然可以多种多样——代数方法、图论方法、不同类型的逻辑图解法等。或许你能发明一种跟以上这些方法同样有效，甚至比其更好的方法。

六道诡秘的谜题

在音乐停止后，6 位朋友回到了自己的座位上，以互相猜谜为乐。你不妨也试猜一下，看你能猜对多少。

穿红衣服的男孩第一个说。

弗兰克：上星期，我在关卧室的灯时，曾设法在房间变黑之前上床。如果床离电灯开关有10步远，我该怎么做呢？

穿蓝衣服的男孩说。

亨利：无论我婶婶什么时候来公寓看我，她总是少坐 5 层电梯，然后再步行上那几层楼。你能告诉我为什么吗？

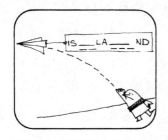

穿绿衣服的男孩说。

英曼：什么词的组合开始是 'IS'，结尾是 'ND' 中间是 'LA'？

穿红衣服的女孩说。

简：一天晚上，我叔叔正读一本精彩的书时，他妻子关闭了电灯，顿时房间一片漆黑，但我叔叔仍在继续读书。他怎么能做到这一点呢？

穿绿衣服的女孩说。

梅布尔：今天早晨，我的一只耳环掉进了咖啡杯中，尽管杯中装满了咖啡，但耳环并没湿。这是怎么回事？

穿蓝衣服的女孩说了最后一道谜题。

劳拉：昨天，我父亲遇雨，他既没戴帽子，也未带雨伞，头上无任何东西遮雨。他的衣服淋湿了，但头发却一根也没湿。为什么？

诡秘的答案

这 6 个谜题并非只是为了"搞笑"而故设陷阱，它告诉我们，不要做不必要的假设，但必须考虑所有的可能性，尽管有些可能性看起来不大可能或者不可思议。如果不是一些大智大慧的人对想当然或习以为常的事情提出疑问，科学革命就不会发生。下一步即"灵机一动"的一步，是提出各种在一般人看来纯属荒诞无稽的可能性。例如，哥白尼推测太阳（而不是地球）是太阳系的中心，达尔文推断人类是由低级生命进化而来的，爱因斯坦认为宇宙结构不必遵从欧几里得几何学，等等。

让我们回到 6 道诡秘的谜题上来：

（1）在这道题中，几乎每个人都会作不必要的假设：事情发生在夜晚。但此题并没有如此说过，房中其实始终并没变黑，因为事情发生在白天。

（2）若错误地假设婶婶是具有正常身高的人，那就错了。事实上，她是个侏儒，因为身高不够，所以在电梯上她无法按到她侄子那一层楼的电钮。

（3）错误的假设在于认为在 3 对字母中间还夹着另外的字母。事实上，那个字是 ISLAND（"岛屿"）。

（4）错误的假设在于认为人只能用眼睛读书。实际上，此人是盲人，在读盲文书。

（5）错误的假设在于认为"咖啡"是指液体咖啡，事实上耳环是掉进干咖啡中的，当然不会湿了。

（6）错误的假设在于误以为父亲有头发。其实，父亲是个秃头，因此他没有头发可以变湿。

以同样的基本思想为基础的这一类"脑筋急转弯"问题成百上千，都误导人们先作出一个错误的假设，由于有了这个错误的假设，使你无法得出正确的答案。这里有 6 道类似的问题：

（1）一位顾客在他的汤碗中发现了一只死苍蝇，为此，侍者向他致歉，并把那碗汤送回厨房，待一会儿又拿回一碗类似的汤。片刻，顾客又叫回侍者，并生气地说："这是原来的那碗汤!"顾客是怎么知道的呢？

（2）一艘远洋客轮抛锚泊船时，史密斯太太因感到不太舒服而未离开客舱。中午，她床边的舷窗距水面 7 米。涨潮时，水面以 1 米每小时的速度上升。设想一下，如果水面上升的速度每小时增加 1 倍，水面平齐她的舷窗需多长时间？

（3）索尔·伦尼牧师曾宣称，他将在一个特定的日子、特定的时间里，做一件创奇迹的事情，即他可以在哈得逊河面上行走 20 分钟而不沉下去。到了那天，一大群人聚集在那里目睹了这一场景。索尔·伦尼牧师的确按他说的做了。他是怎么做的呢？

（4）复线铁路除了在隧道中的那一段外，一直是双轨并行排列的。隧道不够宽，不能铺双轨，所以火车在隧道中的这段路只能是单行线。

一天下午，一列火车正从某一方向驶进隧道，另一列火车从相反的方向开来，进入了同一个隧道。两列火车运行的速度很快，但并没发生碰撞。请解释这一现象。

（5）一名逃犯沿着乡村公路行走时，看见一辆警车正迎面驶来，逃犯先朝向他开来的警车跑了 10 米远，然后才跑进森林中去。他这样做是显示他对警察的蔑视吗？或者他有更好的理由？

（6）为什么 1977 美元比 1976 美元更值钱？

答案见书后附录答案（7），但你最好在回答每个问题感到有困难时再看。

一次大盗窃

夜总会的侍者上班时，听到顶楼上有喊叫声。

他冲进顶楼，发现经理腰上绑着一团绳子被悬挂在房梁上。经理说："快放我下来！打电话报警，我们被抢劫了。"

经理向警察讲述了事情的经过。经理说："昨晚我们店关门后，来了两名强盗，抢走了所有的钱，然后又把我带到顶楼吊在房梁上。"

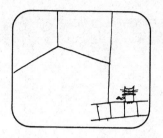

警察看到顶楼的房间是完全空的，就相信了他的叙述。因为他没东西可以垫脚，不能自己把自己绑到房梁上去，而在门外边，还有一把小偷用过的梯子。

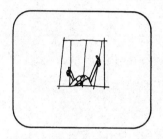

但几星期后，经理却因盗窃而被逮捕。你能推断出经理在没人帮助的情况下，是怎样把自己绑在半空中的吗？

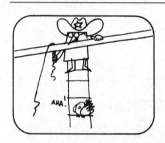

他是这样做的：他用梯子上去，把绳子的一端系在房梁上，然后把梯子搬出屋外。

他带了一大块事先在冷库中准备好的冰块。

他站在冰块上，把绳子绑在身上然后等着冰块融化。

当侍者在第二天发现他时，所有的冰都融化了，经理自然留在了半空中。他聪明不聪明？

失踪的证据

　　许多著名的侦探故事就是以这类问题为基础构思的，侦探们往往灵机一动就破了案。融化了的冰，是早期的侦探小说家经常用于写作的道具。例如，在发现了一名被刺伤的受害者后，不知凶器在哪儿？原来是一块带尖的冰柱。又如，发现一位男子在他自己反锁着的屋中被谋杀，是根据门闩由一块冰支撑着判断出的。当冰融化后，门闩掉下来，锁住了门。

　　此类精彩的侦探问题，是柯南道尔写的"雷神桥上的疑案"。在桥上发现一具头部中弹的妇女尸体，桥的两端都有一个石头栏杆，周围没有刚发射过子弹的手枪的踪影，但是歇洛克·福尔摩斯凭着直觉反射，想到那妇女有可能是自杀，并自己处理了手枪。

　　情况是这样的，她把手枪系在长绳子的一端，绳子经过石栏杆，另一端绑着一块大石头。当她向自己开枪后，枪从她手中落下，被石头拉进水中。

　　福尔摩斯对这一问题的解释，就像他曾解决过的其他一些问题一样，是科学思维方法的绝好的典范。首先这位侦探大师通过直觉，发现了解释武器消失的原理。然后他根据这一原理推出结论——撞在桥梁上的手枪会击下一些碎石，他恰巧发现了一块击碎的小石片的痕迹。最后，他通过测试证实了碎片的含义。他在绳子的一端绑了一块石头，而另一端绑着华生的左轮手枪，假装自杀。当他发现在桥梁上又出现了一块与前面曾见的那块一样的碎片时，他的理论被充分地证实。

这种思维方法是科学研究如何解决问题的方法。首先提出一个理论，这个理论如果是真实的，它要先经过实践证明，然后寻找根据并设计实验来检验这一理论。

这里有一个新的侦探问题，也可以用一种巧妙的理论来解决。人们发现琼斯先生的尸体倒在桌子上，子弹穿过了他的头部留下一个洞。沙姆罗克·博恩斯侦探在琼斯先生的桌上发现了一盒磁带，他按下开关，惊讶地听到琼斯先生的声音：

"这是琼斯在讲话。刚才史密斯打来电话说他要来杀我，我不打算逃走。如果他实现了他的恐吓，我就会在 10 分钟内毙命。这盒录音带将告诉警察谁杀了我。现在我听到他的脚步声在过道里，门就要打开了……"

"咔嗒"一声响，表示琼斯关上了录音机。

助手苏兹·旺尉官问："我们要抓史密斯吗？"

博恩斯回答说："不抓。我确信这是由擅长模仿琼斯声音的人干的，他杀了琼斯，并制成录音带嫁祸于史密斯。"

博恩斯的理论最后证明是正确的。你能提出是什么原因使他产生疑心而认为那盘磁带的声音是假冒的吗？在看书后附录答案（8）前，请试着解一下。

艾奇博士的测验

没有艾奇博士的帮助，警察当局什么案子也破不了。艾奇博士是一位善于解决问题的心理学教授。他把他解决问题时的那种灵感称为"艾奇现象"，他为此精心地设计了许多测验。

有这样一个小测验：在一间空房子里有两根长绳子挂在天花板上。

艾奇博士：这两根绳子相距很远，以至于如果你抓住一根的一端，就不可能抓到另一根。

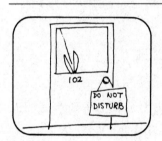

艾奇博士：现在的问题是要把两根绳子的末端系在一起，但只能借助于一把剪刀。你能通过这项测试吗？

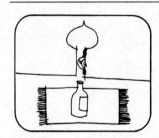

艾奇博士：我的另一个保留节目，是把一个敞开盖的啤酒瓶放在一块小地毯的中央，要把酒瓶从地毯上拿开。

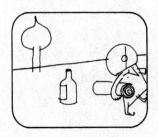

艾奇博士：要求你身体的任何部位都不能接触到酒瓶子，也不准使用任何工具。当然，也不能让瓶中的酒流出来。如果上一个测验你没通过，或许你能通过这一个测验。

艾奇博士：再说说我的最后一项测验，要利用一张报纸，请你和你的朋友站在这张报纸上，但要求彼此无法接触到对方。自然，不允许你们从这张报纸上离开。

这是你通过艾奇博士测验的最后一次机会。

有一次测验使艾奇博士不堪回首，他的一名学生不但对问题做出了正确回答，而且还回敬了他另一个问题。

学生：嗯，艾奇博士，请问怎样扔出一个网球，使它经过一段短距离后完全停止，然后自动反过来朝反方向运动？

艾奇博士：能把它反弹到某物上吗？

学生：不行。您既不能把它撞到某物上，也不能系在任何东西上。

艾奇博士放弃这个题目，那位学生按她自己说的扔球方法做了一遍，使艾奇博士大吃一惊。

艾奇博士自问：艾奇，为什么我没想到呢？他没想到的究竟是什么呢？

艾奇博士的解答

艾奇博士的绳子：你可能会想到这样一种解决方法，就像人猿泰山在电影中表现的方式那样通过摆动来抓住绳子。但这种方法在这里是行不通的，因为有两个原因：绳子的粗细，可能不足以支撑住一个人，而且，即使能摆动起来，由于两根绳子太远，此人也不能到达另一根绳子。但图中确实提示了一条正确解答的线索。

那就是你把剪刀系在一根绳子的末端，让绳子像钟摆一样摆动，这样在你抓住了另一根绳子时就可以尽量接近摆动的那根绳子，当绳子朝你摆动时，你就可以抓住剪刀了。

解决这道测验题，要有两种直觉反应。一个是绳子必须摆动起来的想法，另一个是对剪刀的使用功能要有全面的认识。心理学家有一个术语叫"功能固定性"，是指人们对某些工具的使用功能有固定模式，不习惯考虑这些基本功能以外的功能。人们一般会想到如何用剪子去剪断绳子，当然剪短绳子，是无助于解决问题的。

艾奇博士的地毯：不允许你身体的任何部位或用其他工具接触瓶子。解决这道题所靠的窍门是这样来的：由于地毯已经接触了瓶子，或许可用地毯本身移动瓶子。

这种想法被证明是对的。只要从一边开始把地毯卷起来，卷到瓶子时，用手慢慢地卷地毯的两头，这样毯子中间部分就将慢慢移动瓶子，使之离开毯子而不被碰翻。

在前面的问题中，功能固定性是解题时的一种心理障碍。人们往往只想到地毯能做地面的覆盖物，而没有把它当成推动瓶子的工具来使用。

艾奇博士的报纸：这道测试题，可以利用门把站在同一张报上的两个人分开。只要在打开的门下放入一张报纸，你站在门这边的报纸上，你的朋友站在门那边的报纸上，这样就不用从报纸上走开，门就能阻止你们彼此接触了。

网球： 解这题的心理障碍在于把球想象成朝水平方向运动了。其实问题中并没声明不许垂直往上扔球，将球垂直向上扔时，球就会在尽头处停住，并转变方向，按相反的轨迹回来。

还有一个答案是沿斜坡向上滚球，但这个答案一开始就有可能被排除在外，条件是假如我们说球在空中运动时，不允许接触任何东西，我们就不能把它包括在合理的答案中。但是我们并没那么说，所以这个答案也可以成立。

还有一些类似的问题。这里有 5 个较有意思的问题，你和你的朋友会对此感兴趣，在看答案前请先试着解一解。

（1）从 1 米高的地方扔下一根纸梗火柴，怎样使它朝地的一面落下后仍然朝地？

（2）在一块大型的混凝土石块上，有一个深 2 米的洞，一只小鸟落在了洞中，这个洞非常窄以至于手臂都无法挤进去，而且小鸟在里面很深的地方，手臂也伸不到。若用两根棍去夹，小鸟就会伤着。你能想个简单的办法把小鸟弄到洞外吗？

（3）用一根 2 米长的绳子系住一只咖啡杯的杯柄，另一头系在天花板的吊钩上或打开的门的挂钩上。这样，杯子被吊在高处。问题是怎样用剪刀剪断绳子的中央而不使杯子落地？条件是人不能托着杯子，或接触绳子。

（4）在荷兰的一座大堤上，有一块砖掉了，水从 5 厘米×20 厘米的长方形洞中涌出。有人发现后，带来一把锯和一根直径为 50 毫米的圆木棒。他如果用锯去锯木棒塞洞，最好的办法是什么？

（5）一个酒瓶下部呈圆柱形，占瓶子的 3/4 高度，而瓶子上面的 1/4 部分呈不规则的形状。在瓶中装的酒恰好到瓶子的一半高度，若不打开瓶塞，只借助一把尺子，你怎样才能精确判断出装的酒占瓶子整个体积的百分之几？

答案见书末附录答案（9）。

艾奇的奖赏

艾奇博士在每次艾奇思想课程结束之际，都给他最好的学生颁发一枚特别的艾奇奖章。有一年有 3 名学生势均力敌。

艾奇博士想用一个智力测验使他们分出高下。他让 3 名学生坐在凳子上并闭上眼睛。

艾奇博士：我将在你们每人头上戴一顶红色或蓝色的帽子，在我叫你们之前，请不要睁开眼睛。

艾奇博士在每人头上戴了 1 顶红帽子。

艾奇博士： 现在请睁开眼睛，你们若看到了谁头上戴的是红帽子，就举手。第一个推断出自己帽子颜色的人将得到奖章。

当然，这3位学生都举起了手，但过了几分钟约翰才站起来喊道：

"老师，我知道我的帽子是红色的。"

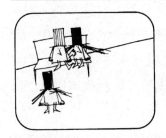

约翰："如果我的帽子是蓝色的，玛丽立刻就会知道她的帽子是红色的，因为这是解释巴巴拉举手的唯一原因。"

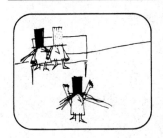

约翰："自然，巴巴拉也会这样想，她会知道她的帽子是红色的，因为这是解释玛丽举手的唯一原因。"

约翰：但是并没哪个女孩说出她们自己帽子的颜色，所以，她们定是看到了我戴的帽子也是红色的。

在只有3个人参加的情况下，这道典型的逻辑题是容易弄明白的。但假定有4个人参加，且都戴红帽子，你能判断出会有什么情况发生吗？

用归纳推断颜色

把参加这一游戏的人从 3 人推广到 4 人，然后再推广到任意多人，是数学证明方法中一个很有价值的典型范例，它叫做"数学归纳法"。这一方法只有当命题可以像上楼的阶梯那样排成一个序列时才能适用。你首先要证明任何一个命题，只要它前面的那个命题是真的，那么它就是真的。如果第一个命题也是真的，那么所有的命题都必然是真的。假如你能登上楼梯的第一级，你就可以一直登上楼顶。如果你在较高的一级起步，你就可以上到楼顶或下到地面。

假定 4 人都戴的是红帽子，并且均举起了手。假如他们当中的 1 人比其他人顿悟得更快，他就会这样推理：

"假定我的帽子是蓝色的，其他 3 人都将看到它是蓝色的，因此，他们每个人都是看到 2 顶红帽子，而不知自己的帽子的颜色。这和前面只有 3 个人时的情况完全一样。他们当中最终会有一个推断出他的帽子是红色的。"

"但是，如果推断用了足够长的时间，仍没一人推断出自己帽子的颜色，那只有一个原因，就是他们都看到我的帽子也是红色的。因此，我前边的假定就是错误的，我的帽子一定是红色的。"

这个推理可以推广到 n 个人的情况。如果有 5 个戴红帽子的人，最聪明的一个将看到 4 顶红帽子，意识到在足够的时间里，其他 4 人中会有人按上面的方式推断出自己的帽子是红色的。但如果没有人能这样做，就将表明他本人的帽子也一定是红色的。同样的道理类推到许多人。在这些人中最聪明的那个人，总能把情况简化到前一种情况，接着又进一步简化到再前一种情况，直至简化到 3 个人的情况，问题就解决了。

这个问题若推广到一般情况，常常会引起如下有趣的争论，如有的地方是否定义还不够明确？或者是否所给的条件太模糊不清而不能引出明确的答案？做什么样的假设才能把这个问题有效地推广到一般？这几个人的推理能力是否必须处于不同层次？是否人数增加时，每人判断他帽子颜色的时间也要相应地增加？如果有 100 人，过了很长时间，最聪明的一个人知道了他的帽子是红色的，然后又过了一段时间，第二个聪明的人也知道了，以此类推，直到最后一个最不聪明的人能这样说吗？

类似帽子问题的古典问题层出不穷。下面这个问题说明，如果帽子的颜色多于两种，问题将更复杂。假定有 5 个人，从 5 顶白色、2 顶红色和 2 顶黑色的帽子中选 5 顶给他们戴，如果所选的均是白色的，最聪明的那个人将如何推断出他的帽子是白色的呢？

对于前面那个两种颜色的帽子，3 个人的问题，有一个很巧妙的变形。假设 3 个人成一纵列坐在 3 把椅子上，一个排在一个后面，并朝着同一方向。坐在最后的人能看到前面两人的帽子，中间的人只能看到前面那人的帽子，而坐在最前面的人则看不到任何人的帽子。就是说，这些人的"盲区"范围是递增的，而最前面的人则是"全盲"的。

裁判员从 3 顶白色和 2 顶黑色的帽子中挑出 3 顶，在给他们戴上帽子并收藏起剩余帽子后才准许他们睁开眼睛。

主持人问最后一个人是否知道自己帽子的颜色，他回答说："不知道。"

中间人在回答同样问题时，也说："不知道。"

当问到最前面的人时，他回答说："知道，我的帽子是白色的。"他是怎样推断出的？

他的推理如下："坐在最后的人，若看到两顶黑帽子，就会说'知道'。他回答'不知道'，就证明他看到的两顶帽子不全是黑的。

假定现在我的帽子是黑的，那坐在中间的人就会看到一顶黑帽子，在他听到后边的人说'不知道'时，他就会知道自己的帽子是白的，但事实上，他说'不知道'，这就证明了中间的人看到我戴的是白帽子，因此，我原来的假设不成立，我的帽子应是白色的。"

　　像前面的例子一样，这个问题也很容易推广到一般，通过数学归纳法推论出 n 个递增的盲区范围的情况。n 个人依次前后坐在一行椅子上，由后向前对他们依次提问。可供选择的帽子是 n 顶白色和 $n-1$ 顶黑色的。考察 $n=4$ 时的情况，坐在最前面的"全盲区"的人知道，如果他的帽子是黑色的，那么他后面的 3 个人必将看到，并知道留给他们的帽子中只有 2 顶是黑的。这时问题就简化为前面的那个问题了。如果第三和第四个人都说"不知道"，那么第二个人（即紧跟在全盲区后面的人）可能会说"知道"，像前述的情况一样。但如果他说"不知道"，就是向坐在最前面的"全盲区"证明他的假设是错误的，他的帽子一定是白色的。这样一来，数学归纳法就把证明的范围扩展到涉及 n 个人的情况。如果除了"全盲区"的人以外所有的人都做出否定的回答，那么所有人戴的帽子都是白色的。

　　现在给你提出一个难度更大的问题。假定在涉及 3 个人的情况下，主持人从 3 顶白色、2 顶黑色的帽子中任选 3 顶给他们，像前面那样由后向前依次对他们提问，他们中总会有 1 人做出肯定的回答吗？你可能很高兴地说："那当然了!"并证实这个结论可以推广到 n 个人，n 顶白帽子和 $n-1$ 顶黑帽子的情况。有人总会做出肯定的回答，第一个做出肯定回答的人总是自己戴着白帽子同时又知道自己前面没有戴白帽子的人中间最早被问及的人。

　　把两种颜色的帽子换成标有 0 和 1（二进制计数法中的整数）的帽子是一样的。有许多涉及 2 种以上颜色的帽子问题（如前面讲过的一例），但是如果我们用一些正整数代替帽子的颜色，理解这些问题就比较容易些。让我们看看下面这个由两个人参加游戏的例子。

主持人任选一对连续的正整数，把标有其中一个数字的圆签贴在一个人的额头上，把标有另一个数的圆签贴在另一个人的额头上，每人只能看到对方的数字，而看不到自己的数字。两人都很诚实且有很强的推理能力。

主持人问每个人是否知道贴在自己额头上的数，这样轮流不断地问，直到有人说"知道"为止。利用数学归纳法，你可以证明如果两个数中较大的数是 n，那么一个人在回答 n 或 $n-1$ 次提问时将说"知道"。我们可以先从最简单的情况 1 和 2 两个数开始验证。额头上有数 2 的人将在回答第一次或第二次提问时说"知道"（这取决于谁第一个被问），因为看到对方贴着 1 后，他知道自己是 2。

现在考虑数 2 和 3 的情况。当第一次向贴着 3 的人提问时，他将说"不知道"，因为他可能是 1 也可能是 3。假定他是 1，这时贴 2 的对方就会说"知道"（像前面的情况一样）。当然，如果贴 2 的人也说"不知道"，这就向第一个人证实了他贴的数是 3，而不是 1，因此当第二次向贴 3 的人提问时，他将说"知道"。正如帽子问题一样，这个推理过程也可以推广到任何一对连续的数字的情况。

对于完整的答案，你必须准确知道一个参加者将在什么时候对第 n 次提问做出肯定回答，什么时候对第 $n-1$ 次提问做出肯定的回答。你将发现这取决于先向哪个人提问及 n 是奇数还是偶数。

最近剑桥大学著名的数学家约翰·霍顿·康韦研究出了一个更加迷惑人的问题。同上述情况一样，把标有数字的圆签分别贴在 n 个人的额头上，这些数字可以是任何一组非负整数，这些非负整数的和与写在一块黑板上的 n 个或少于 n 个数中的某一个数相同。黑板上的数彼此不同，假设参加者有无穷的智慧且诚实过人，他们每人除看不到自己额头上的圆签外，能看到所有的圆签以及黑板上所有的数。

向第一个人提问，问他是否能推断出他额头上的数，如果他说"不知道"，那就再问第二个人，这种提问将在参加者中循环进行，直到有人说"知道"为止。康韦断言不论这个问题看来是多么不可思议，但这种提问总能以得到肯定回答而告终。

假日理发

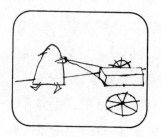

约翰开车去拉斯维加斯度假，他的车在一个小镇上发生故障，趁修车的工夫，约翰决定去理发。

这个小镇上只有乔和比尔两家理发店。

约翰通过理发店的窗户往比尔的店里看，感到很反感。

约翰："多脏的理发店！镜子需要擦，头发遍地都是，理发员需要刮胡子，他的头发理得也不像样。"

毫无疑问，约翰离开了比尔的理发店，他去找乔的理发店。

约翰从乔的窗子往里窥视。

约翰：真有天壤之别啊!镜子、地板都很干净，乔的头发也修剪得很整洁。

但约翰没进去，相反，他返回到比尔的脏理发店去理发了。你知道为什么吗?

哪个理发师

没有哪个理发师能给自己理发。因为这镇上只有两位理发师，所以他们必然彼此互相理发。聪明的约翰决定在不干净的理发店理发，是因为他看到那理发师给干净理发店的主人理的头发很整洁。

接下来的这问题与之非常类似。在煤矿井下工作一天的两位矿工，完成工作后从井下上来，他们当中的一人脸上挺干净，而另一人脸上沾上了煤灰。他们互道再见后各自往家走，脸上干净的那人用手帕擦了擦脸，而脸上脏的那人却没擦。你能解释这奇怪的举动吗?

理发店的挑战

　　比尔是个健谈的理发师，见到顾客便迫不及待地拉开话匣子。

　　比尔：你是从其他镇子来的吧？我喜欢给陌生人理发。

　　比尔：说老实话，我宁肯给两个外镇的人理发，也不愿给本镇的任何一个人理发。

　　约翰问：为什么？

　　比尔说：因为理两个人的发我就会得到两倍的钱。

　　约翰：噢，你真是够聪明的，不过我这里有个问题。10 天前，我们学院篮球队赢了一场比赛，比分为 76∶40，但我们队没有一位男队员投中过球。你能告诉我为什么吗？

理发师困惑不解，然后听约翰做了解释。

约翰：我们队里没有任何男人，都是女孩。

意外的答案

这节中的许多问题都是在含糊的语言上诙谐地迷惑住人的。下面有 8 个同样类型的问题，可用以迷惑你的朋友。

（1）霍华德·尤斯，一位古怪的亿万富翁，提供 50 万美元的赏金，奖给在赛车比赛中的最后一名司机。共有 10 名司机参赛，但都对尤斯的条件感到很困惑。

"我们怎样才能赢得这场比赛？"他们当中的一人说。"如果我们都开得很慢，那这场比赛就永远也不会结束。"

突然，他们中的一人说："噢，我知道该怎么办了。"他想出什么了？

（2）怎样在水下点燃火柴？

（3）一名罪犯带他妻子去电影院看电影（那里正在上演枪战西部片）。在影片正出现激烈枪战的镜头时，他用枪击中他妻子的头部，然后他把他妻子的尸体带出了影院，但却无任何人阻止他。他是如何处置的？

（4）奎伯教授说他能把一个瓶子放在一间房子的中央并爬进去（He can put a bottle in the center of a room and crawl into it）。他怎么做的呢？

（5）尤那依·弗勒，一位著名的犹太超级巫师，他甚至可以在篮球赛开始前就能告诉你每场比赛的得分。他的秘密何在？

（6）有一位住在小镇上的男子，与该镇 20 个不同的妇女结婚

（married），她们都在世，且他未与她们中的任何一个办理离婚手续，也没违法。你能解释一下吗？

（7）"这是一只鹦鹉，"小动物商店的店员介绍说，"它能重复它听到的任何一句话。"一周后，一位买了鸟的妇女回到这家商店抱怨那只鸟一个字也不说。但店员说的却是真话，请解释一下。

（8）一只装了半瓶酒的酒瓶用软木塞子塞着，你怎样才能既不打破酒瓶，又不拉开瓶塞而喝到酒？

答案见书末答案（10）。

太阳峡谷谋杀案

当约翰到拉斯维加斯时，看到报纸上用大幅标题登载了当地一个赌徒和他同去滑雪的妻子在太阳峡谷的故事。

他妻子死于滑雪事故。当她滑落悬崖时，这位赌徒是她掉下去时唯一的目击者。

一位在旅行社工作的职员看到有关这事的报道后，给爱达荷州警察局打了电话。于是这赌徒作为谋杀嫌疑犯被逮捕。

报道记者对职员的叙述感到很吃惊。

职员：我并不认识赌徒和他妻子，直到我读了有关事件的报道后，才察觉出他卑鄙的手段。

为什么职员能给警察局打电话举报？

因为职员出售给他去太阳峡谷的是往返机票，而他给妻子买的只是一张单程票。

单程车票

现在来看看你如何解决下面这两个不可思议的问题。同上面那个问题一样，不能靠任何算法或程序去解决，找到了窍门就能迅速得出正确答案。

（1）在通往旧金山的高速公路上，父亲开车，他的小儿子坐在前面的位子上。他为避免撞上一辆停在旁边的小汽车而急转弯，失去了对车的控制，一下撞到桥座上，父亲没受伤，但孩子腿撞坏了。

救护车带他们驶进附近医院，孩子被推入急救手术室，外科医生准备为其做手术。突然，外科医生喊道："我不能给这孩子做手术，他是我的儿子!"请解释一下原因。

（2）下面这个故事是从乔治·盖姆和马文·斯特恩合著的《数学难题》一书中挑选改编的，那是一本趣味问题汇编。在第二次世界大战中，德国人占领法国期间，在巴黎某旅馆里有 4 个人同乘一部电梯，他们分别是纳粹军官、地下抵抗运动成员、年轻漂亮的姑娘和年长的妇女。他们彼此都不认识。

突然停电了，电梯停止运行，灯也灭了，电梯中一片黑暗。一声接吻声，紧接着又有一拳打在脸上的声音。不久，电源恢复了。在纳粹军官的一只眼上留有一块新的伤痕。

年长的妇女想："这家伙真是活该，我真高兴看到现在的女孩知道如何保护自己了。"

年轻的姑娘想："纳粹的爱好是多么奇特，他并没想吻我，必定是想尝试一下吻那老妇人，甚至那漂亮的年轻男人。我真不能理解!"

纳粹军官想："究竟是怎么回事？我什么也没做呀，或许是这个法国人想吻那女孩，而她误打了我。"

只有地下抵抗运动成员确切地知道发生了什么事，你能推断出发生了什么事吗？

两题答案见书后附录答案（11），但（在看答案前）要先试着解答一下。

喷泉旁的险剧

约翰住进一家旅馆。在他正看报时，一位漂亮姑娘冲进旅馆大厅。

姑娘跑到饮水喷泉旁，喝了一大口水，走了。

3分钟后，那女孩又跑回来喝了一大口水，这次在她后面跟着一个相貌古怪的男人。

在饮水喷泉后面有一面镜子，当姑娘抬头时，正看见她身后的男人手中举着一把刀，好像正要刺向她的后背。

女孩惊叫起来。

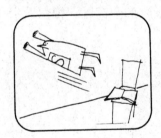

约翰快速跑去营救。

这时，那男人放下了手中的刀，和那女孩开始大笑。这究竟是怎么回事？

镜子的幻影

那女孩古怪的行为是容易解释的，她总打嗝，那男人想用吓唬她的方法使她不再打嗝。

现在是测验你的逻辑判断能力的最后一次机会。首先是一个运转问题，然后是一个建立在没有根据的假设上的机敏的问题。

（1）古埃及的最后一位女王克利奥帕特拉把她的钻石放在一个有滑动盖子的盒子里。为了防止被偷，她在钻石盒中养了一条致命的毒蛇。

一天有个奴隶独自在房间里停留了几分钟，他设法偷走了几块价值连城的钻石，既没让蛇跑出来，也未以任何方式触及或影响到蛇，他也没穿戴任何防护用品。盗窃只用了几秒钟，当奴隶离开房间时，除了缺少几块钻石外，盒子和蛇还保持原样。奴隶在盗窃钻石时，用了什么机智的方法？

（2）一位小姐没带驾驶执照，她在铁路交叉处又不停车，又无视单行道的标记，在单行道的街上逆行了 3 个街区。警察看到了这一切，但并没扣留那女士。为什么？

答案见书末答案（12）。

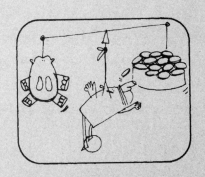

❺程序

关于操作设计的
谜题

　　自从计算机革命开始以来，"算法"一词已成为数学词典中一个常见的词汇。算法是指一种由一系列设定好的步骤组成的、能够解决问题的程序。当你用一个数去除另一个大的数时，你就是用的除法这种算法。计算机在没有接受操作指令的情况下是不能解决任何问题的，因此计算机程序设计艺术主要是编制有效算法的艺术。我们称"艺术"而不称"技术"，是因为在发现好的算法中，奇妙的"啊哈现象"起着主要的、创造性的作用。

　　所谓好的算法是指一种算法能在最短的时间内解决某一给定问题。使用计算机需要花钱，就像雇工干活需要花钱一样。因此，高效（好）的算法就具有很大的实际意义。数学中有一个分支学科叫做"运筹学"，就是研究如何用最有效的办法解决复杂问题的学科。

　　尽管本书的程序问题选择角度侧重于趣味性，但你还是可以很容易地从中了解许多深奥的数学思想。例如，第一个谜题生动地说明数学家们把两个看似不相关的问题称为"同构"的含义。一个关于数字的游戏竟和一种"井字游戏"（tick-tack-too）具有相同的原理。而这又与由加拿大数学家利奥·摩瑟发明的文字及网络游戏是"同构"的。这些游戏的策略都建立在 3×3 数字魔方的基础上，那是一种最古老的奇妙组合珍品。

　　其他涉及重要概念的谜题还包括：解决了河马称重问题的阿基米德浮力定律；从简单的分配家务劳动的问题引申出来的决策论中一个悬而未决的问题；由窃贼和钟绳引发的几个经典的组合问题；由"懒惰的情人"引出的重要的图论问题。

　　图论研究的是用线联结的点集，许多运筹学中的实际问题都可以用"图"作为模型。有些问题有非常巧妙的解法。例如，我们已经知道用"克鲁斯卡尔算法"构造生成树。我们还考虑另一个与它紧密相关的"斯坦纳树问题"，它尚未完全解决。因为斯坦纳树有极广泛的实际应用，所以目前正开展着大量的研究工作，寻求这种树的高效算法。

斯坦纳问题属于所谓"NP-完备"的一类颇具挑战性的问题。同时也是悬而未决的问题。目前还没有发现好的算法，也还不知道是否存在好的算法。寻找 n 个点的斯坦纳树的最佳算法是有的，但随着 n 的增加，寻找树所需要的时间呈指数地增长。因为它增加得如此之快，以致对于一个相对较小的 n 值（如几百个结点），计算机也需要用数百万年的时间才能得到最佳答案。

这类"NP-完备"问题相互之间存在着一种奇特的关系，如果发现其中一个问题有高效计算机算法，就可以迅速应用到其他问题上。而且，如果算法中的任何一种表明不存在高效算法，也就为其他算法下了同样的结论。数学家们对后一种情况是否普遍成立持有怀疑，大量开发高效算法的工作在不停地进行，人们希望即使找不到最佳的"斯坦纳树"，但能找到接近最佳的算法也是有益的。

比起本书的其他各章，本章在接触现代数学中一些尖端数学家正在研究的前沿课题的内容可能更多一些。

15 点游戏

在乡村庙会上，所有的人都很兴奋。

今年，在娱乐场里开办了一个叫"15 点"的新游戏。

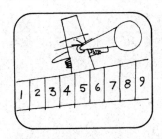

卡内先生： 来吧，乡亲们，游戏的规则非常简单。我们只是把硬币放在这些 1～9 的数字上，谁先放都无所谓。

卡内先生：你放镍币，我放银币。谁先盖住 3 个相加等于 15 的不同数字，谁就可得到桌子上所有的钱。

让我们先观察有代表性的一局，一位女士先把 1 枚镍币放在 7 上。由于 7 已被放上，对手就不能再把币放在 7 上了。对其他数字也是如此。

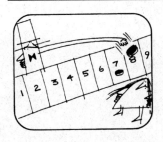

卡内把 1 枚银币放在 8 上。

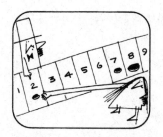

女士第二次把镍币放在 2 上，这样再放一次 6，3 个数字相加为 15，她认为就可以赢了。

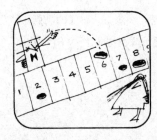

但卡内把 1 枚银币放在 6 上，破坏了她的打算。这样一来下一次卡内把银币放在 1 上，他就可以赢了。

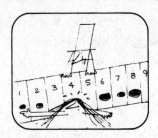

女士看到了这一危险，便先把 1 枚镍币放在 1 上，企图破坏卡内的赢势。

卡内将下一枚银币放在 4 上。妇人看到他下一次放在 5 上就会赢，就不得不再次堵他的路。

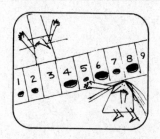

于是她把镍币放在 5 上。

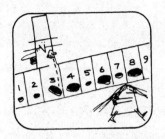

但卡内把银币放在 3 上也赢了。因为 8+4+3=15。可怜的女士输掉了 4 个镍币。

镇长先生觉得这个游戏很有意思。便长时间地观察，他断定卡内使用了一种秘密方法，使他不可能输，除非他想输。

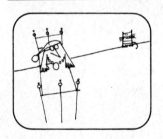

镇长彻夜未眠想找出这一秘密方法。

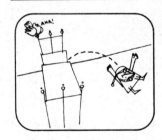

突然他跳下床来。

镇长：啊哈，果然不出我所料，他的确有个特别的方法，我知道他是怎么做的了。顾客要赢确实是不可能的。

镇长找到了什么窍门？也许你也会发现如何与你的朋友玩此游戏而能永远立于不败之地。

井字游戏

玩"15 点游戏"的诀窍，在于认识到它与一种"井字游戏"①在数学上是等价的。令人惊奇的是，这种等价关系是在中国古老的"洛书"的基础上建立起来的，即在众所周知的三阶魔方②的基础上建立起来的。

为欣赏这一魔方的奇妙，让我们列出 3 个不同数字（除 0 外）相加等于 15 的所有组合，一共有 8 组：

$$1+5+9=15$$
$$1+6+8=15$$
$$2+4+9=15$$
$$2+5+8=15$$
$$2+6+7=15$$
$$3+4+8=15$$
$$3+5+7=15$$
$$4+5+6=15$$

现在仔细观察独特的 3×3 数字魔方：

$$2\quad 9\quad 4$$
$$7\quad 5\quad 3$$
$$6\quad 1\quad 8$$

注意到在 3×3 魔方中，有 3 个横行、3 个纵列和 2 条对角线，在每条直线上的 3 个数之和都是 15。因此，15 点游戏中的每个赢局都应是三阶魔方中某行、某列或一条对角线上的 3 个数。很明

---

① 井字游戏的玩法是：两人轮流地在一个 3×3 的方格（我国称为"九宫格"）内画"×"或"○"，谁先把自己所画的"×"或"○"连成一条直线，谁就获胜。——译注

② 魔方，亦称"幻方"，也叫"纵横图"，我国汉代就已有三阶的"纵横图"，"洛书"也可以看成一个三阶幻方。——译注

显，玩 15 点游戏就与在九宫格上玩井字游戏是同一道理。卡内先生在一张卡片上画好洛书魔方图，放在游戏台下面，只有他能看到（别人不能看到），虽然他画的只是一种结构形式的魔方图，但通过旋转可以得到 4 种不同的结构形式，每一种通过镜面反射又可以得到另外 4 种不同的结构，共有 8 种不同结构的 3×3 魔方，每一种都可用作玩 15 点游戏的"秘密武器"，他们的效果是一样的。

在与人玩 15 点游戏时，卡内先生在暗中玩秘密卡片上相应的井字游戏，所以卡内先生总是不会输的。如果对局双方都玩得正确，则游戏结果就是平局。然而卡内的对手由于不知道玩井字游戏的窍门，因而处于十分不利的地位。这就使卡内先生很容易给对方设置陷阱，使自己稳操胜券。

为了更清楚地了解这一方法，我们通过图 5-1 说明前面那位女士与庄家对局的全过程。第一步是步骤 1，尽管庄家后行，但他可以在第六步设置一个陷阱，以保证在第八步取胜。不管女士在第七步时如何放置，任何会玩井字游戏的人在魔方的帮助下都不会输。

同构（数学上的等效）是数学上最重要的概念之一。一个难题通过变换使它转化为与之同构但却已经解决了的问题，很快便解决了原来的那个难题。随着数学的越来越复杂，同构的应用，不仅使许多数学证明得以简化，也使数学本身变得更加统一了。例如，当著名的四色定理在 1976 年被证明之后，在其他数学分支中，与之具有同构关系的一些猜想也就同时得到了证明。

为加强对同构这一基本概念的理解，我们考虑下面的填词游戏。

图 5-2 有 9 个英文单词：

两个玩游戏者依次画出一个词并标记好，首先画出含有相同

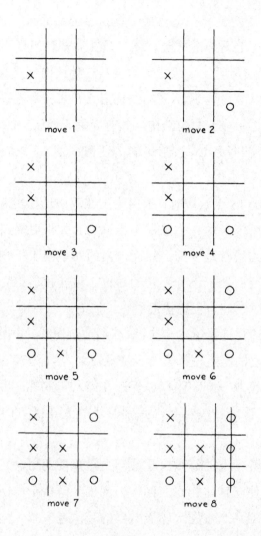

图 5-1

字母的 3 个词者为胜者。也许玩上好多回你才会发现，这只不过
也是在玩井字游戏。通过把词填入井字游戏板中的 9 个方格，可
以很容易看出其同构性。仔细观察可发现，每一个有相同字母的 3
个词都在同一行、同一列或同一条对角线上。所以玩这种填词游
戏与玩井字游戏或 15 点游戏就是一回事。

HOT	FORM	WOES
TANK	HEAR	WASP
TIED	BRIM	SHIP

HOT
TANK
TIED
FORM
HEAR
BRIM
WOES
WASP
SHIP

图 5-2

看看你能否想出用于此类游戏的其他单词。这些词当然不限于英文单词。另外，用图 5-3 所示的一组符号也很有趣。

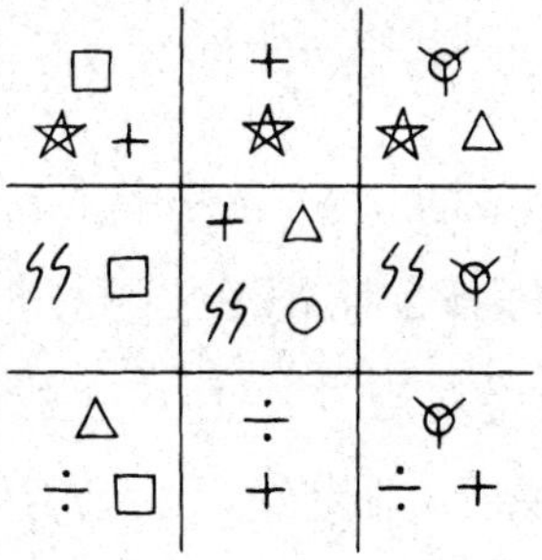

图 5-3

玩此类游戏的最佳方法是把用来做游戏的每一个数字、文字或符号分别写在 9 张卡片上，把这些卡片摆放在桌子上，两个游戏者依次抽取卡片，直到决出胜负。

在你完全了解了这些游戏的同构性后，可以考虑下面的网络游戏。图 5-4 所示的是一个公路交通图。

有 8 个城市被公路联结起来。两个游戏者分别用不同颜色的笔，轮流对每一条公路涂色。注意有些路是贯穿城市的，在这种情况下，通过城市部分的公路也要涂色。首先把通过同一城市的 3 条公路涂上颜色者为胜。乍一看这个游戏与我们分析过的那些游

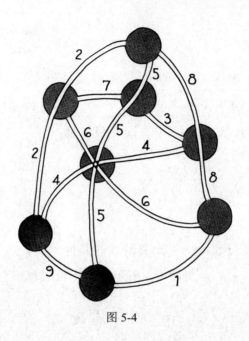

图 5-4

戏毫无相关之处。但实际上，它与井字游戏也是同构的。

　　像图 5-4 那样把每条公路都编上号，其同构关系就比较清楚了。地图上每一条公路对应井字游戏中的一个方格，而每一座城市对应井字游戏中的一条直线，与前几个例子一样，同构关系就建立了。所有会玩井字游戏的人，也都会玩这个地图着色游戏。

　　图 5-5 是 884 种不同的(未考虑旋转和反射)4×4 魔方(把 1～16 的数填入方格中，使位于同一直线上的 4 个数之和都是 34) 的一种，它能不能作为一个玩"34 点游戏"的"秘密武器"？也就是说，游戏时两人轮流从 1～16 中取数(同一数被选后不能再取)，谁先取出的 4 个数之和为 34，谁就是赢家。这一游戏与在 4×4 方格上玩类似于"井字游戏"的游戏是否同构？回答却是否定的! 你能看出是什么原因吗？

7	12	1	14
2	13	8	11
16	3	10	5
9	6	15	4

图 5-5

能不能修改游戏规则，使游戏者占据的 4 格不在同一直线上也能取胜，以便在这两种游戏之间建立一种同构关系？

河马难题

很多年以前，有个部落的首领十分尊崇神圣的河马。

每年在首领生日的这天，首领和他的收税官都要用王室的彩色游船载着河马到收税站去。

当地有一个习俗，即要献给首领相当于河马重量的金币。收税站也有一个巨大的天平，天平的一边放河马，另一边放金币。

有一年，首领把河马喂养得特别好，以至于河马太重，天平的梁被折断了。要修好天平的梁需要好几天。

首领非常气愤，他告诉收税官：今天我要得到我的金币，而且必须是准确的数量。如果在日落前称不出金币，我就把你斩首。

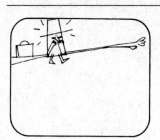

可怜的收税官被吓得几乎晕了过去。

经过几个小时的冥思苦想后，他突然有了一个好主意。你能猜出是什么主意吗？

主意确实非常简单。收税官把河马放在船上，标出船的吃水线。

然后他把河马牵下船，把金币往船上放。当达到相同的吃水线时，船上金币的重量就相当于河马的重量了。

我找到了

根据阿基米德发现的浮力原理，浮在水中的物体排开水的重量等于其自身的重量。因此，当河马在船上时，船体浸入水中，排出与河马重量相同的水量。

这里有一个与此相关的问题。假设该船浮在一个水槽里。这个水槽不大，能够准确地测量出水位。船上代之以与河马等重的金币后，记下水槽的水位。

现在假设所有的金币被取出而沉到水槽底。我们知道这时船的吃水线将会下降。但容器中的水位如何呢？是上升，还是下降？

即使是物理学家，对这个问题也不会很轻易地给出答案。有些人会说水槽中的水位将保持不变，还有些人会说将上升，因为沉入的金币排开了一部分水。实际上这两种答案都是错误的。

要搞清楚这个问题，让我们再来看看阿基米德定律。每一个浮体排开的水的体积等于该物体自身的体积。金币的密度要比水的密度大得多，因此它在船上时排开水量的体积要比其自身沉入水底时排开水量的体积大得多。但当金币沉到容器底时，仅排出相当于其自身体积的水量。由于两者排水量差别较大，因此水槽中的水位在金币沉入水底时要下降。

物理学家乔治·伽莫夫曾经把这一问题解释得十分生动。宇宙中有些星体是由密度几百万倍于水的物质构成的，1 立方厘米这种物质重达数吨。如果把 1 立方厘米这种物质从船上投入容器中，它仅排开 1 立方厘米这样极小的水量。于是，容器中的水位将下降。金币的情况正好与此相同，只是水位下降量要小得多。

当金币被倒出船后，假设在船边记下新的吃水线。河马要在容器中游水，当它下水时，假设容器中的水位上升 2 米，那么要比船边记下的吃水线高出多少呢？

想象你从瓶中喝可乐的情形。如果你想留下半瓶体积的可乐在瓶中，一个简单的办法就是喝到瓶中液体的倾斜面刚好通过瓶底和瓶边相交线即可。

下面是一个类似的问题但解题程序不尽相同。一个透明的玻璃瓶，形状不规则，装有强酸。在瓶上仅有两个标记，上面的标记是 10 升，下面的标记是 5 升。

某人用了一小部分酸，用量未知，只知道瓶中的酸液面比 10 升处略低。你要从瓶中倒出 5 升酸用于实验。这种酸危险，极易挥发，不能倒入其他容器中，那么用什么简单的办法倒出准确的数量呢？

聪明的办法是在瓶中放入一些小玻璃石，直至酸位达到上面的标记，然后只要倒出酸，使留在瓶中液位降低到下面的标记即可。

分配家务

布斯特·琼斯先生和夫人新婚燕尔，两人都有固定的工作，于是他们说好共同分担家务劳动。

为公平地分摊家务，夫妇俩把每星期在寓所中要做的家务列成表。

布斯特：亲爱的，我划出了一半的项目。剩下的一半是归你做的家务。

珍妮特：我不同意，布斯特，我认为你分配得不公平。你把所有的脏活累活留给我做，而你做的都是容易的活。

于是，琼斯夫人拿过表格标出了她想要做的活儿，但布斯特不同意。

珍妮特：如果这些事你都指望我做，那你也太大男子主义了。

正在他们争吵不休时，门铃响了，来人是琼斯夫人的母亲史密斯夫人。

史密斯夫人：你们小两口在吵什么呀？我一出电梯就听见你们在嚷嚷。

母亲听了小两口的解释，突然笑了起来。

史密斯夫人：我有一个绝好的办法。我告诉你们怎样分配家务，保证你们俩都会满意。

史密斯夫人：你们中的一个人把表格中的项目分成两部分，另一个人优先选择他要哪一部分，不就公平了吗？

但在一年后母亲也搬到这个寓所居住时，事情就没那么简单了。她答应承担 $\frac{1}{3}$ 的家务，但在 3 人之间如何分配才算公平呢？你能提出办法吗？

公平的分配

前面那个已经有了答案的公平分配问题，经常用两人分一个蛋糕的形式出现，把 1 个蛋糕分给 2 个人，使每个人都满意地认为自己所得的不会少于一半。而留下的尚未解决的问题，则相当于在 3 人之间分 1 个蛋糕，而使每个人都满意地认为自己得到了不少于 $\frac{1}{3}$ 的蛋糕。

把 1 块蛋糕公平地分成 3 份的办法可以这样：一个人手持一把刀缓慢地在蛋糕上移动。蛋糕可以是任何形状，但刀的移动必须使切下的蛋糕面积是从零逐渐增至最大量。当任何一人认为刀的位置切下第一块蛋糕已有 $\frac{1}{3}$ 时，就喊"切"。那么就在此处切下，喊切的人就得到切下的这块。如果有 2 个或 3 个人同时喊"切"，则切下的这块可以给其中任何一个人。

剩下的 2 个人当然认为至少还剩有 $\frac{2}{3}$ 的蛋糕，问题可依前述办法逐次解决：一人切，一人选，蛋糕可以公平地分开。

这种办法可以推广到 n 个人。当刀在蛋糕上移动时，第一个喊"切"的人得到第一块或任意给一个同时喊切的人。接下来在剩下的 $n{-}1$ 个人中重复这个过程，这样一直进行到只剩下 2 个人。最后这块蛋糕可以用前述一人切分，另一人选择的办法分配，或者如果你喜欢，也可以用移动刀的办法切分。这个问题的一般解法是应用数学归纳法证明算法的一个极佳例子。很容易看出，用此算法分配 n 个参加家务劳动者的任务，可以使每人都满意地认为自己分摊的是公平的 1 份。

剑桥大学数学家约翰·康维研究了当参加者对其满意条件要求更高时的公平分配问题。是否有这样一种办法，使每个人都确信自己比别人得到的多，而不仅是认为至少得到了公平的一份呢？你思考一下就会看出，如果有 3 个或 3 个以上的人，那么上述算法就不能保证这一点。康维和其他数学家发现了只有 3 个人时的解决办法，但据我们所知，到目前为止，对 4 个或更多人参加的情况尚未有理想的办法。

杂技扒手

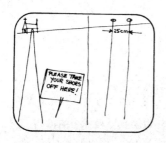

在一座中世纪教堂的塔楼上有两根古钟绳。绳子从高高的天花板上的小孔垂下，两个孔相距 25 厘米，而且孔的大小恰能让绳子通过。

托尼原是个杂技演员，后来成了窃贼。他想把两根绳子割下偷走，而且想尽可能割得长一些。

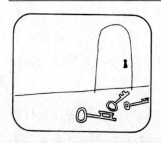

托尼：我该怎么办？我没法进到天花板上面的房间里去，因为通向房顶的门被紧锁着。

托尼：我必须沿着绳子爬上去，而且割得越高越好。但天花板这么高，即使就只割下 $\frac{1}{3}$，我掉下来也得摔断腿。

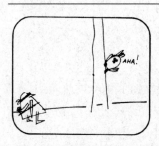

托尼想了好久，终于想出了一个好办法，几乎可以割下所有绳子。你知道怎么办吗？

托尼的办法确实很奇妙。首先，他把两根绳子下端拴在一起，然后爬到一根绳子的顶端。假设这根绳子为 A 绳。

当他爬到顶端时，他在低于天花板半米处割断 B 绳，把剩下的一段系成一个圈。

然后，托尼把一只胳膊套在绳圈上悬住身体，紧贴着天花板割断 A 绳，且抓住不让其落下。然后再把 A 绳穿过绳圈并拉下，直到两绳的打结处到达顶部。

现在他可以沿着两根绳滑下，再把绳子从绳圈中拉出。这样便窃取了所有的 A 绳和几乎全部的 B 绳。你也能想到这个办法吗？

绳索游戏及其他

由于这个虚构的问题没有明确的界定，因此解决办法不止一个。上述给出的办法可能是最实用的，但你也许还能想出许多可用的办法，甚至比刚才给出的这个更好。

例如，窃贼可在 B 绳顶端打一个缩结，如图 5-6 所示。人悬在 B 绳上，割断 A 绳使其落下，然后在 X 处割断缩结的中间一股，所有登山运动员都知道这种缩结，当他沿 B 绳滑下时，绳结不会松开。晃动 B 绳，缩结就会松开，窃贼通过这种办法也能得到除顶端一小部分外的大部分 B 绳。

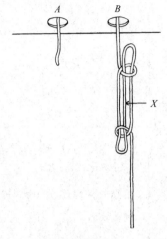

图 5-6

　　另一种办法是：窃贼爬至 A 绳顶端，用一只手抓住 B 绳，把重量悬在 A 绳上。然后用刀在 A 绳顶端轻轻地割，直至感到其即将断裂，再把 A、B 两绳拴在一起，把身体悬在两根绳上，再用割 A 绳的办法割 B 绳。这两根绳在他沿绳滑下时可承担他的重量。他落地后，再猛拉绳子，使其从顶端断开。

　　第三种办法是：假设天花板上的绳孔足够大，首先，窃贼把 A、B 两绳在底端拴好，他爬上 A 绳，在顶端把 B 绳割断，然后将其一端向上穿过 B 绳的小孔到达 A 绳孔并拉下，直至接近地板，这时两绳打结端已接近 B 绳孔顶处，现在他可以同时抓住 B 绳和打结处的 A 绳。当他悬在两根绳上时，他在顶端 A 绳孔下将 A 绳割断，然后沿两根绳滑下，最后把绳子拉下即可。

　　在上述办法中还可以做一个巧妙的变化，两根绳的底端不拴在一起，窃贼爬上 A 绳，割断 B 绳，向上穿过 B 孔再向下穿过 A 孔，把此端打成环，套在 B 绳上，如图 5-7 所示。窃贼换悬到 B 绳上，割断 A 绳，将被切端拴在 B 环上，然后沿 B 绳滑下。现在他只要拉 A 绳，B 绳就会陆续穿过 B 环滑出，两根绳就都从天花板上被拉下。

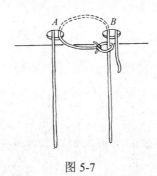

图 5-7

还有一种不同的办法。窃贼爬上 A 绳，在 B 绳顶端系一个绳圈，他悬在绳圈上，把 A 绳割断，将被切端向上穿过 A 绳小孔，再向下穿过 B 绳孔，拴在绳圈上。他悬在两根绳上，在顶端绳圈之上把 B 绳割断，沿两根绳滑下，拉 B 绳即可得到所有的两根绳子。

上述办法有些会把钟弄响，窃贼将会被抓住。所以最初那个办法的一大好处是，窃贼在悬在绳圈之前轻拉 B 绳的动作轻一些就可以避免弄响 B 钟。当然，他在爬上 A 绳时，动作也应轻一些。

有一些经典的、涉及程序性的问题，类似于过河一类的问题。过河时利用一根跨过滑轮的长绳，绳子两端系有吊篮。这里有一个路易斯·卡罗尔特别喜爱的问题。

一位女王和她的儿子、女儿被囚禁在一座城堡的顶楼里，窗外有一座滑车，滑车上套着一根绳子。绳子的两端各有一个吊篮，篮子的重量相同。一个吊篮悬在窗前，里面是空的，另一个在地上，装有 30 千克的石头，石头是用来平衡的。

滑轮运转时有足够的摩擦力，任何在篮中被往下放的人，如果其体重超过另一篮重量不多于 6 千克，就都是安全的。如果超过 6 千克，他们就会以极快的速度撞到地面而受伤。当然，当一个篮子下降时，另一个篮子就朝着窗户上升。

女王的体重为 78 千克，其女儿为 42 千克，儿子为 36 千克。用什么最简单的办法——简单意味着用最少的步数——使他们都安全到达地面？篮子足够大，可以载两个人或一个人加上那些石头。没有人能帮助他们出逃，也没有人能带他们拉绳子，或者说，滑轮只能依靠重量差运行。

通过演示，最简单的办法可以很容易找到。我们可以把重量数写在不同的卡片上，然后上下移动。可以发现要使 3 人都到达地面至少要用 9 步。做法如下：

（1）儿子下，石头上；

（2）女儿下，儿子上；

（3）石头下；

（4）女王下，石头和女儿上；

（5）石头下；

（6）儿子下，石头上；

（7）石头下；

（8）女儿下，儿子上；

（9）儿子下，石头上。

在有动物需靠人的帮助才能爬进或爬出篮子时，这类问题会变得更复杂。路易斯·卡罗尔提出如下设想：除了女王、儿子、女儿和石头外，城堡里还有一头重 24 千克的猪。重量差要求不变，但现在必须有人在两端把猪放进或拉出篮子。

试试看，你能否只用 12 步就解决问题。注意，在这两个问题中，最后一个走出篮子的人必须快速离开，否则装满石头的另一个篮子会砸到他的头上。

小岛撞机

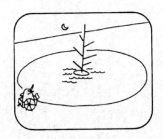

奥维尔把汽车停在一个小湖边上。

奥维尔：这里真开阔，是我操纵遥控飞机模型的好地方。除了湖中央的小岛上有一棵大树外，再没有别的树和岩石了。

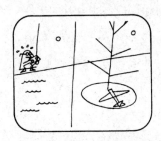

奥维尔试着操纵他的飞机绕着那棵树飞行，由于他没有调准距离，飞机撞在树上坠落到小岛上。

奥维尔非常沮丧，他想把那贵重的飞机捡回来，可是湖水很深，他不会游泳。他从汽车里找来一根绳子，绳子比湖面最宽的地方还要长几米，他却不知道怎样利用它。

奥维尔突然想出了一个办法。

奥维尔：我可以不游泳，马上就把飞机捡回来。

奥维尔想出了什么办法呢？

顶替游泳

奥维尔用巧妙的方法捡回了他的飞机模型。他将长绳的一头系在湖边汽车上，自己拉着绳子的另一头绕着湖心树走了一周，然后拉紧绳子，将绳的另一头也系在汽车上。这样在汽车和树之间便拴好了两股绳索，非常牢靠。尽管奥维尔不会游泳，他可以下水抓着绳子，很快地通过湖面，到岛上捡回飞机。

另一个经典问题，也是涉及如何利用手边的材料来完成从岸上去小岛的任务。如图 5-8 所示，小岛位于正方形湖的中央，有一个人想从湖边去小岛，但他不会游泳，湖边有两条等长的木板，木板的长度比从湖边到小岛的距离略短，他有什么办法可以利用两条木板上岛？图 5-9 给出了答案。

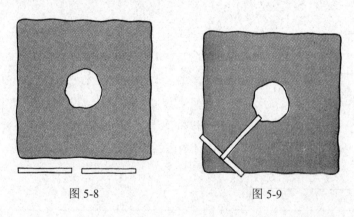

图 5-8   图 5-9

推而广之，假设木板多于两条，但木板比前面使用过的要短，还可以架桥上岛吗？

如图 5-10 所示，使用 3 条木板架桥，你可能容易想到。但是有许多人不见得能找到用 5 条或 8 条更短的木板在水面上架桥的办法。

用 8 条木板架桥的答案见图 5-11。

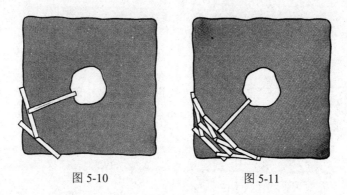

图 5-10　　　　　　　　　图 5-11

我们把问题抽象化，假定小岛为一圆点，每条木板各为一条线段，木板重叠部分为交点。请想象一下推广到许多木板时的情形。如果木板的长度都一样，那么图 5-12 给出了标准的架桥方法。如果正方形湖的边长为 2 个单位，有足够数量的木板，那么每条木板最短应为 $\frac{\sqrt{2}}{2}$，利用勾股定理可以证明这一答案。

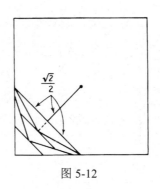

图 5-12

有兴趣的话，你可以研究一下其他形状的"湖"的情况，如圆和正多边形。

懒惰的朋友

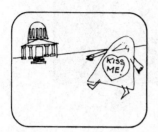

杰克自认为是世界上最重友情的人，他计划在华盛顿特区租一套公寓。

杰克有 3 个女朋友都居住在市内，他想让自己的住所离 3 个女朋友的住所尽可能近。

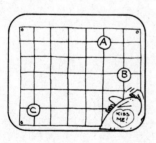

杰克在市区地图上标出了女朋友们住所的位置。

杰克：我看一看，居住在哪里可以使我到这 3 家的距离之和最小。

杰克选来选去，一筹莫展。

杰克：啊哈！ 我发现了一个简单方法，能够找到我要住的地方。

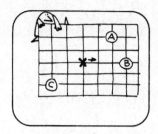

杰克想出的办法是，他自问自答，如果他从一个地方搬到另一个地方时，他的女朋友是否赞成。他从自认为比较合理的地点开始，向东移一条马路。

杰克：我住得离安妮塔和布妮近了，她们会投赞成票，肯迪也许会反对，因为离她远了。但我缩短的距离比延长的距离划算得多。我得站在多数人一边。

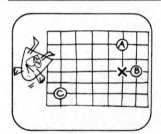

只要多数人同意，杰克就移动一步。而当多数人表示反对的时候，他就尝试另一迁移方向，直到没有人反对了，他才决定住下。

很幸运，杰克能够在这个最合适的地点租一套公寓了。可是一星期之后，布妮搬远了7条马路。

杰克：真是个淘气鬼！现在我又得重新搬家了。但是，当杰克查看了地图以后，他惊奇地发现，他无须再搬一次家。你能够解释这是为什么吗？

表决算法

布妮向东搬远了 7 条马路，她的新住所对杰克并没有影响。实际上，不论她向东搬多远，杰克现在的住所都处在最理想的位置上。

你可以在方格纸上画出多于 3 点的情况，你就能体会出这种表决算法的效能了。你会发现这种方法可以很快地确定点 X 的位置，使点 X 到所有点的距离为最小，这些点的个数必须是奇数。当点的个数为偶数时，就不能满足要求。为什么呢？答案是，如果点的个数为偶数，表决就可以不分胜负，下一步的程序就无法继续进行了。

你也许对下列有关问题有兴趣：

（1）你能找出一种适用于点数为偶数的方法吗？

（2）一点或若干点的移动，在什么情况下不影响点 X 的确定？

（3）如果考虑街的宽度，表决算法会受影响吗？

（4）如果这些点（包括点 X），不限定在街道交叉处，会有影响吗？

（5）如果格子是由平面上任何方向的直线街道组成的，表决方法是否可行？

（6）如果街道是曲折的或弧线形的，结果怎样？

虽然表决算法适用于任何种类的网络，但它不适用于无标记的平面，因为在无标记的平面上，移动路线不受限定。而实际问题却常常就是这样。在一平面上有 n 个点，确定点 X，使之到所有点的直线距离为最小。例如，假设有 3 个城市，A、B 和 C，机场的位置在何处，才能使机场到 3 个城市的距离之和最近？这显然与乘汽车的要求不同，换句话说，确定理想的机场位置与确定汽车站位置不同。

　　答案是，从机场到 3 个城市的 3 条航线之间的 3 个夹角均为 120°，然而这个答案用几何方法证明却并不简单。如果有 4 个城市，并且它们组成一个凸四边形的顶点，那么机场应位于两条对角线的交点处，这不难证明。但当城市数再增加时，确定点 X 的位置就比较困难了。

　　设计一种简单的仪器（模拟计算机）来迅速地确定平面上点相应于任意 3 点 X 的位置，你认为有可能吗？假如用桌子的表面代替平面，我们在桌面的 3 点钻 3 个孔，将 3 根绳头系在一起，3 根绳的另一头各自穿过一个孔，每根绳头上分别挂上一个重量相等的砝码。绳子上等重量的砝码相当于在 3 点居民们的"表决权"，点 X 的位置便可由桌面上绳子的结头所在的位置表示出来。这一结论是明显的，因为问题的数学结构与物理模型之间存在一种同构关系。

　　现在我们使原来的问题变得更复杂一些。假设 A、B、C3 点不是代表原先 3 个女孩的住处，而是分别代表 3 座学生宿舍楼，有 20 名学生住在 A 楼，30 名学生住在 B 楼，40 名学生住在 C 楼，所有的学生同在一所学校上学，这所学校应该建在什么位置，才能使 90 名学生步行上学的距离最近？

　　如果学生们上学的路线都取最短的路线，那么，我们可以像前题一样采用表决法，允许每个学生有 1 票的表决权。这样能够迅速地确定学校应处的位置。假如 3 座宿舍楼在一个平面上，学生们可以走直线去上学（就像乡村的孩子们可以穿过广阔的田野那样），我们还能够改变一下模拟计算机的原理，像前面那样来解决问题吗？

　　完全可以。我们以不等重的砝码代替原来的等重砝码，使砝码的重量分别与每座宿舍楼中学生的人数成正比，绳子的结点就表示出学校应在的位置。

　　如果一座宿舍楼中学生人数比其他两座的总和还多，上述的模拟计算机是否还能管用？比如，A 楼里有 20 名学生，B 楼里有 30 名学生，C 楼里有 100 名学生。回答是肯定的，模拟计算机仍然可用。相当于 100 名学生的那个砝码将拉动绳子，使绳子的结点位于 C 孔处。它证明学校的位置应在 C 点。

　　多于 3 点的情况，模拟计算机还能正常工作吗？是的。它甚至于适用于 n 个点不是凸多边形的顶点的一般情况。但是，如考虑到摩擦力，那么多于 3 点，模拟计算机将不能再有效地工作。

　　图论是一个迅速发展的新数学分支，它研究的是由一些线联结点所形成的图的有关问题。在寻找最短路径方面，图论有许多重要应用。下面的问题就是一个著名的例子：

　　在一个平面上有 n 个点，要把它们用直线联接起来，并且使这些线段的总长度尽可能地短，当然不再增加新点，那么这样的一个网络就称为"最小生成树"。你能不能想出一种寻找这种网络的算法？

　　"克鲁斯卡尔算法"（以发明者 J.B.克鲁斯卡尔的名字命名）提供了一个求最小网络的算法。

　　在每两点之间量出距离，然后将这些距离从小到大依次标记，不妨设定最小的距离为 1，第二个为 2，依此类推。如果有两个距离相等，则先标哪一个没有关系。先在距离为 1 的两点间画一条线，再依次在距离为 2、3、4、5……的两点间连线，但不能使线连成封闭的环。如果遇到联结某一标记的两点和其他已连的线形成闭环，则跳过这一标记，而继续处理下一标记。最后的结果便是一个联结所有点的最小生成树。

　　生成树有许多特殊的性质，例如，它所有的线都只能在顶点相交，而且相交于任何一个顶点的线不多于 5 条。[1]

最小生成树并不要求是联结 n 点的最短网络，不过必须注意，这里的网络限于不再增加新顶点。如果允许增加顶点，网络可能会更短。以一个单位边长的正方形为例，最小生成树由正方形的任意 3 边组成（图 5-13 左）。如果允许增加新顶点，那么是否存在联结 4 个顶点且连线小于 3 的网络呢？

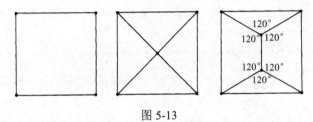

图 5-13

多数人认为最短连线应为正方形的两条对角线（图 5-13 中），但这不对。图 5-13 右给出了正确的答案。正方形两条对角线长度为 $2\sqrt{2}=2.82^+$，而图 5-13 右的网络总长度为 $1+3=2.73^+$，小于两条对角线之和。

在允许增加新顶点的条件下，寻找联结平面上几个点的长度最小的网络的一般问题，就是著名的"斯坦纳问题"。这个问题的某些特殊情况已经解决，但是，对于平面上联结 n 个点的斯坦纳树，寻找"斯坦纳点"（新顶点）的问题，还没有有效的算法。这个问题在工程技术中有广泛应用，从计算器的微处理机芯片的设计，到寻求铁路线、航空线、航运线、电话线及其他通信线路的最小网络都会用到。

---

① 原图如此。似宜画成：

———译注

保健医生

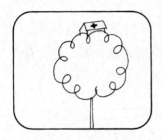

在热带丛林中有一家医院，医院里有 3 名保健医生，他们是琼斯、史密斯和鲁宾逊。

当地的部落首领被怀疑得了一种极易传染的罕见的传染病，3 位大夫必须每人对他进行一次手术检查。麻烦的是，任何一位大夫在手术中都有可能被传染。

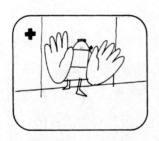

做手术时每位大夫都必须戴上橡皮手套。如果哪位大夫有这种病，病菌就会污染手套内侧。同样，如果首领得了这种病，病菌就会污染手套的外侧。

手术正要开始时，护士小姐科琳闯进了手术室。

科琳：我要告诉大家一个坏消息。

科琳：我们只有两副无菌手套了。一副蓝的和一副白的。

琼斯：只有两副了吗？如果我先进行手术，我使用过的手套的里外就都有可能带菌了。如果史密斯戴第二副手套，手套也会被污染，鲁宾逊就无手套可戴了。

突然，史密斯提出了一个建议。

史密斯：假如我把两副手套都戴上，把蓝的套在白的外面，每副手套只有一面污染，两副手套的另一面则是无菌的。

约翰：我明白了。这种戴法，蓝手套的里面是无菌的，我可以再次戴上蓝手套，然后鲁宾逊还有一副白手套可戴，因为白手套的外面也是无菌的。我们三人都不会被首领传染，也不会互相传染。

科琳：这对你们医生来说，是没有问题了，但是首领呢？万一你们之中的任何一位带菌，而首领不带菌，首领就会被带菌的那位传染。

她的话使三位大夫都哑口无言了。他们应该怎么办呢？过了一会儿，科琳说话了。

科琳：我知道你们该如何进行了，照这种做法，你们和首领都不会有被传染的危险。

没有人能猜出科琳的想法。但是经科琳解释之后，他们一致认为这一办法可行。你能猜出来吗？

里里外外

在说出科琳小姐的高见之前，让我们先来弄明白第一种仅使大夫得到保护的做法。

假定 W_1 代表白手套的里面，W_2 代表其在外面，B_1 代表蓝手套的里面，B_2 代表其在外面。

史密斯戴上了两副手套，先戴白的，后戴蓝的。W_1 面有可能被他自己污染，B_2 面则有可能被部落首领污染。史密斯手术之后，一起摘下两副手套。琼斯大夫戴蓝的那副，使无菌 B_1 面接触皮肤。然后鲁宾逊把白手套的里面翻出来，使无菌的 W_2 面接触他的手。

接下来请看科琳小姐的高见。

史密斯像前面一样戴上两副手套，W_1 面和 B_2 面可能被污染，而 W_2 面和 B_1 面仍保持无菌。

琼斯只戴蓝的，让 B_1 接触皮肤。

鲁宾逊将白手套翻面带上，让 W_2 面接触皮肤，然后再把蓝手套加在白手套外面，并且是 B_2 面朝外。

上述三步都是 B_2 面接触首领，因此他不会有被大夫们传染的危险。

到目前为止，我们还没有使问题一般化。如果有 n 名大夫准备为 k 名病人手术，最少需要多少副手套，就可以保证既不使大夫也不使病人有被传染的危险？

❻文字

关于字、词、句的
谜题

数学家们往往喜爱搞文字游戏。如有一本名为《笔下艺术举例》的书，是由哈里·福朗克和 M.帕姆·艾格编写的。书中有一条著名的脚注指出，尊重两位数学家瑞德（Read）和怀特（Write）享有自己的姓名权，因此"读（read）"和"写（write）"都是不道德的。像这样的例子，在这本书中不胜枚举。

数学家们为什么会对这些看似玩笑的文字游戏乐此不疲呢？仔细想一想，也就不难理解。词是字母按照一定的顺序排列组合而构成的，正如句子只能按照一定的语法规则，由单词排列组合而成一样。因此，在某种程度上，语言具有非常浓厚的组合数学的味道，就是说，与组合数论有许多相似之处。文字组成的方阵与数字组成的方阵异曲同工。句子中使用的标点符号就相当于算术语言中的运算符号（如加号、减号和括号等）。

本章将较详细地探讨上述的那些相似性。例如，回文——正读和反读都一样的句子——与回文数就有相似之处。我们将会看到，在数论方面尚未得到解决的著名的"回文数猜想"问题，以及关于回文素数、平方回文数和立方回文数等的有趣定理。本章探讨的内容还涉及将一个词拆分为若干部分的问题，其拆分方法与数学中的一个重要分支——整数分拆中的某些方法极为相似。

如果我们把字母看做是几何图形，便又可以引出很多异乎寻常的问题。在这类问题中，我们将会看到，许多问题涉及两种重要的几何对称，即180°旋转对称（有时也叫"双重对称"）、镜面反射对称。我们还将发现某些词甚至是整个句子也可以被颠倒过来而不改变它们的结构形式。在旋转180°时，每一数字相似于一个字母这一事实随着袖珍计算器的普及而日益成为一类普遍流行的趣味问题的基础。

在旋转或反射的过程中，如果我们不把字母看成永远保持不变的刚性图形，而是把它看成像橡皮筋一样可以扭曲变形的拓扑图形，那便又将引出一些新的有趣的问题。通过认识和解决这些问题，我们将对拓扑结构方面的问题有更基本的了解。

最后，我们将要考虑的是能够引出某些重要的数理逻辑概念的文字问题，关于"不在里面"的反面这样一个简单的问题就与逻辑中的否定法则有着密切的关系，同时与代数中的负号处理也有密切的关系。只有你领会到若不用高级语言（逻辑学家把它称为"元语言"①）表达，则无法探讨某种语言的词和句子，这时许多滑稽才可能看得明白。

我们希望本书的最后一章生动、有趣。你也许会感到奇怪，为什么要在趣味数学书里写上文字游戏这一章？对此我们早已回答了，这不仅仅是因为数学家喜好文字游戏，也不仅仅是因为文字游戏有其组合特性，更主要的是因为即使文字难题也能导出意想不到的重要的数学概念。

沃德尔博士

沃德尔博士是一位著名的数学家。

沃德尔博士是"沃德尔有奖游戏"的主持者，这是一种由他发起的、备受观众欢迎的电视游戏节目。如果观众能解出沃德尔博士提出的有很大技巧性的文字难题，便可赢得一笔可观的奖金。

---

① 对于对象语言进行分析时所使用的语言称为"元语言"。——译注

沃德尔博士：文字游戏就像数学那样，但以字母和单词为符号。同时，文字的组合必须是语法规则所允许的。

沃德尔博士：我给你们举两个例子看看。第一个例子是，"不在里面"的反面是什么？

沃德尔博士：哪一个由 11 个字母组成的词连所有耶鲁大学毕业生都会念错？

沃德尔博士：你能回答上这两个问题吗？"不在里面"的反面是"在里面"，全体耶鲁大学毕业生都会念"错"的字是"incorrectly（错）"。在今天的精彩节目里，有许多这样的问题，让我们来试试看。

否定之否定

在回答"不在里面"的反面时，很容易想到"在外面"。但实际上，"不在里面"的反面是"不是不在里面"，即"在里面"。否定之否定为肯定，这在语法上、形式逻辑上和算术运算法则上都是一样的。其实，我们平时经常会遇到一连三个或更多个否定同时出现的时候，这时思考的原则很简单，偶数个否定即为肯定，奇数个否定仍然是否定。为了形象地说明这一问题，我们不妨举几个例子。

（1）$x=(7-3)-[(-4+1)]^3$

（2）1965 年 5 月 6 日的《纽约时报》有这样一个标题：奥巴尼杀死比尔来抵抗反对控制出生的法律。

（3）有一次，哲学家艾·诺思·怀特赫德向一位讲演者表示感谢时说："他的问题的模糊之处不再模糊。"

（4）一个小伙子接到了一位姑娘的来信，信的内容是："我必须向你解释，我说过的要重新考虑不再改变自己的主意时，我并不是那个意思。以前只不过是在跟你开玩笑。我实际上就是这个意思。"

（5）数学老师说："我不能确定你能够理解否定的定义，所以我将不再继续往下讲了。"学生说："噢，我明白你的意思了，我很高兴你愿意继续讲下去。"

（6）在某些具有很强的封闭性的种族的方言中，双重否定有时非但不是肯定的意思，反而是加重否定的意思。例如：

"不要背地里说我。"（Don't give me no back talk.）

"我们从来不是没有人在这里不用双重否定。"

"我穿上丁当作响的马刺，

　当我兴奋地将它套上马裤时，

他们唱道，'啊，你不会一个人独处感到愉快？'

这歌不是很不错吗？"

（7）一位逻辑学教授对他的学生讲，据他所知，还没有哪种自然语言用双重肯定来表达否定的定义，这可能是一条普遍的法则。语音刚落，就从教室的后排传来了一个学生调侃的声音："是啊，是啊。"

"念错"这个词之谜面，会在人们不留神的情况下，把人的思路引入歧途，令人迷惑不解。"哪一个字人们常常念错？"多数人会漫无边际地去猜想，实际上答案就是"错"字本身。错是一个形容词，但"错"字是一个名词，差别就在于此。在现代语义学中，当某些词或句子属于所谓的实体语言时，一些与词和句子相关的问题就是"转化语言"范畴的事情了。这两种语言的区别在于，实体语言常用引号标明。对这两种语言的区分认识不足，便常会导致两者的混淆。下面用几个例子说明一下：

"你在想什么"是一匹马的名字。

"好长（How Long 郝农）"是一位中国数学家的名字。

你能解释一下下面这句话的意思吗？

"那那那那那个见解并不是我所指的那个。"

看看下面这句话读起来怎么样：

I want to put a hyphen between the words Fish and And and And and Chips in my Fish-And-Chips sign have been clearer if quotation marks had been placed. Before Fish，and between Fish and and，and and and And，and And and and，and and and And，and And and and，and and and Chips，as well as after Chips？

（我想在词组"鱼和薯条"的鱼和和和和和薯条之间放上连字符，就构成了词组"鱼和薯条"。但是如果换一种表达方式：在鱼之前和鱼和和，和和和和，和和和和，和和和和，和和和

和，和和和薯条之间及薯条之后都加上引号，不是就非常清楚
了吗？)①

西·李·霍

　　沃德尔博士只看了一眼西·李·霍先生的电
话号码后，便请他来做客。你能否发现西·李·霍
与他的电话号码之间有什么特殊的联系吗？

　　把霍先生的名字颠倒过来看，就变成他的电
话号码了。

　　其实把每个电子屏上显示的数字颠倒过来看，都可以把它当
成一个字母来看待。它是利用近年来已普遍使用的袖珍计算器做
某些特技表演的基本原理。

　　第一个这类特技表演还曾引起了这种游戏热，因为它有关于
阿拉伯和以色列战争的故事线索，是一位著名的计算机科学家唐
纳德·E.克努特设计出来的：337个阿拉伯人和337个以色列人在
一块边长为米的正方形土地上进行格斗，哪一方是胜者？要找出

---

　　① 后一段话的意思是：把"鱼和和和和薯条"这一句难懂的话作一点处理，即在鱼之
前和鱼和和，和和和，和和和，和和和，和和和薯条，以及薯条之后都加
上引号。其中黑体的和字是"鱼和薯条"中的"字"，是名词，宋体的和是连接词。这样，前
一句话就成了：我想在"鱼"和"和"和"和"和"薯条"之间放上连字符。——译注

答案，我们把337的平方与8424的平方相加，得出其和为71077345，当把它颠倒过来看的话，就成了"SHELLOIL"，即"壳牌石油"。

关于计算器显示屏上的数字颠倒过来看时能变成文字的内容，已有许多出版物涉及。下面表示出了把每一个数字颠倒看时所对应的字母：

0	O	5	S
1	I	6	g
2	Z	7	L
3	E	8	B
4	h	9	b

借助于上表将会发现，你自己也不难编造一些有趣的计算问题，当把最后在计算器上显示的答案倒放时，可以作为一个适当的字来读。如果需要，还可用小数点将两个字加以分开。下面是几个有趣的例子：

（1）爱达荷州（Idaho）的首府是哪儿？4 乘 8 777。

（2）宇航员第一次踏上月球时，说的话是什么？13527 除以 3。

（3）拿走得越多，就变得越大，这是什么？$\sqrt{13\,719\,616}$。

（4）如果在芝加哥一瓶波旁威士忌卖 8 美元，那么在纽约，苏格兰威士忌会怎样呢？8 乘 4001。

（5）在斯坦雷说了"我想，你是里文斯通博士？"之后，里文斯博士说了什么？18×4÷3-10。[①]

（6）有没有用非英语单词编写的与此相似的计算游戏？试举一例。

---

① 1～5 题的答案依次是 Boise（博伊西）、bosh（多余的话）、hole（洞坑）、booze（暴饮一顿）、hi（喂）！——译注

难以捉摸的 "8"

沃德尔博士：霍先生，我们的第一个问题用到的是 18 根筷子。奖 5 元钱，你能否拿掉 8 根筷子后而留下 "8"，这个问题的奖金是 5 元。

霍先生：孔子说"知之为知之，不知为不知。"我不知道只好认输。

沃德尔博士：先不要打退堂鼓，霍先生。请记住，这是个文字游戏节目。"8"（EIGHT）是一个可以被拼出来的词。

霍先生：我也这样想过，但是 "8" 的字母太多了，没法把它拼出来。

沃德尔博士：时间到了。你没想到"8"（EIGHT）可以用别的方式拼写，实在太遗憾了。

算术的双关语

解决筷子难题应该掌握这样一个诀窍——一音多词，即沃德尔教授念数词"eight"（8）时，其发音也可以当成"ate"（吃）这个字。

下面是一道类似的游戏，筷子（或火柴）的排列形式和前面的问题一样，也需要找到各种窍门！但是现在的任务是取走13根筷子（或火柴）而留下8。答案如图6-1：

图 6-1

假如你的朋友觉得上面两道题目太简单了，那么可用下面这道较难的题目试试。图案仍然与前相同，要求取走 7 根筷子（或火柴）而留下 8。此题答案是构造一个等于"8"的表达式（图6-2）：

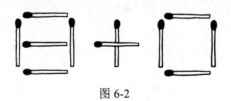

图 6-2

采用诸如筷子、火柴、牙签、咖啡搅拌棒、苏打水的吸管、铅笔或者其他最易于得到的短棒，可以编排出许许多多的趣味难题。下面还有两道题目，不妨给你的朋友们试试：

把 12 根短棒如图 6-3 排列：

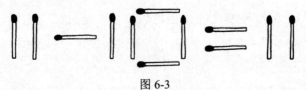

图 6-3

要求只移动其中一根短棒而使之变成一个正确的式子。图 6-4
是许多不同解法当中的 4 种解法：

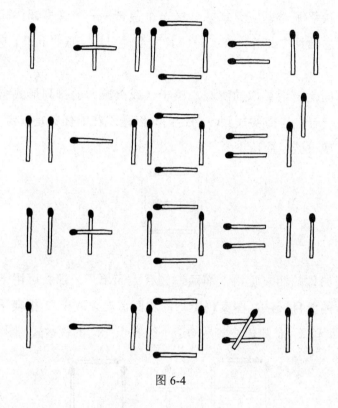

图 6-4

对于下图 6-5 这些短棒：

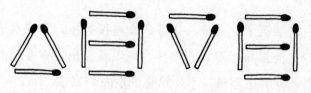

图 6-5

取走 4 根短棒使之能拼出可以产生 "match"①的词，大多数
人试用 "wood"（木）这个词，然而在认识了 "match" 一词还含

---

① 英语 match 的意义为 "火柴"，另外也有 "配偶" 的意义。love 的意义为爱。——译注

有"配偶"这一意思后才知道该文字游戏的答案如图 6-6：

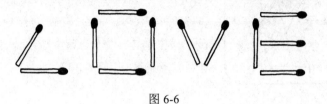

图 6-6

最小的纵横字谜

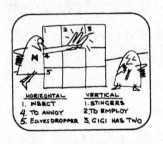

沃德尔博士：霍先生，现在有一机会可赢 20 元钱。一个很简单的纵横字谜，只有六条规定，限你 3 分钟内给出答案。

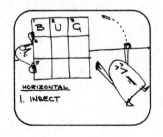

3 分钟之后，霍先生只猜出了第一排字母。

霍先生：对不起！沃德尔博士，我想不出任何其他符合要求的单词了。

沃德尔博士：很遗憾，霍先生，你没有意识到所有三个横排的字可以是一样的。请记住，同一个词是可以有不同的含义的。

沃德尔博士：在等待下一位嘉宾的时候，我再出另一个"看谁答得快"的问题，供电视机前的观众回答。你能否把"NEW"与"DOOR"这两个字中的 7 个字母重新排列一下，变成一个词？（答案见书末答案（13））

方阵与字谜

纵横字谜是关于不同的字母通过横向或纵向排列来形成单词的组合问题。现在计算机可以在它们的存储器中贮存某一种自然语言的所有单词，不但可以编写出能有效地解答纵横字谜的计算机程序，还能编出各种编造纵横字谜的程序。

大多数纵横字谜均借助"方格"矩阵，即用方格来隔开每个单词的字母。而古老、自然的纵横字谜是没有方格的（例如，我们这章的纵横字谜游戏），这就是所谓的"文字方阵"。以下面 4 阶的文字方阵（4 个字母的词）为例：

```
K  I  N  G
I  D  E  A
N  E  X  T
G  A  T  E
```

这 4 个词（"KING""IDEA""NEXT""GATE"）可以横着读也可以竖着读。如果横读词与竖读词不同，我们就称它为"双词方阵"：

```
O  R  A  L
M  A  R  E
E  V  E  N
N  E  A  T
```

这两种方阵，阶数越高，就越难于构成。你可以试构一下 4

阶的方阵，成功的话，再试 5 阶、6 阶的方阵。7 阶方阵极难构成。尽管文字游戏的行家们已经构成过 8 阶、9 阶和 10 阶的方阵，但几乎总要使用一些不常用的生僻词。

沃德尔博士的"NEW DOOR"难题属于"字谜"一类的难题，即把一个字、一个短语或句子的字母重新排列以后，变成一个新的字、短语或句子（答案在书末）。有成百上千个有趣的字谜，其中字母重新排列后构成的新词，其意义以某种巧妙的方式与原来的词的含义有关：

Lawyers（律师）——→Sly ware（滑头货）

Halitosis（口臭）——→Lois has it!（洛伊斯有之!）

Punishment（刑罚）——→Nine thumps（打 9 棍）

The Mona Lisa（蒙娜丽莎）——→No hat，a smile（没有帽子，微笑）

One hug（拥抱一次）——→Enough？（够了吗？）

The eyes（眼睛）——→They see（他们看见了）

The nudist colony（裸体主义者部落）——→No untidv clothes（无破旧衣服）

也许你还能发明出更好的文字变换游戏来，也许把你自己的名字、把你朋友的名字或把某个知名人士的名字的字母重新排列一下，会得到一个意想不到又趣味十足的词或词组。你不妨试一下。下面再向你介绍两个与威廉·莎士比亚有关的字母重排游戏：

（1）I ask me，has Will a peer？

（我自问，有与威尔同等的人吗？）

（2）We all make his praise.

（我们都为他骄傲。）

215

玛丽·贝尔·拜伦

沃德尔博士的下一个客人是玛丽·贝尔·拜伦（Mary Belle Byram），她的名字有什么特别之处吗？

这块牌子上的字对我们也许有些帮助，它与玛丽·贝尔·拜伦的名字具有同样的特征。

"哈特·犹他"与"玛丽·贝尔·拜伦"都是回文，即字母的顺序是对称的，顺着念和倒着念完全一样。

回文名字

你能再拼出一些具有回文特性的人名来吗（这一点恐怕不像你想象的那么容易）？下面是一些例子。

Leona Noel（利昂娜·诺埃尔）

Nella Allen（内拉·艾伦）

Blake Dana de Kalb（布莱克·达纳·德卡尔伯）

Edna Lalande（埃德娜·莱伦德）

Duane Rollo Renaud（杜阿内·罗洛·雷纳德）

N. A. Gahagan（N. A. 盖哈根）

N. Y. Llewellyn（N. Y. 卢埃林）

R. J. Drakard，Jr（R. J. 德雷克德）

画谜

沃德尔博士：玛丽小姐，欢迎你参加这个节目。向你提的第一个问题与这些画有关。每张画表示一个大家熟悉的数学术语。

玛丽：沃德尔博士，我不明白你说的是什么意思。

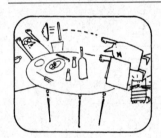

沃德尔博士：好吧，先举一个例子。这张画表示的是几何常数"π"。

玛丽：噢，我明白了。我必须猜测画面表示的是什么数学名词。

沃德尔博士：对！现在请你猜其他的画面。这是第一张。猜对一张奖你 10 元。

玛丽：我猜着了，这是"鹦鹉跑了"（polly gone），即"多边形"（polygon）。

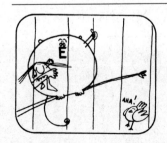

沃德尔博士：对。第二张表示什么呢？

玛丽：唉！它的嘴唇（lips）像个"E"字，是不是椭圆（ellipse）？

沃德尔博士：非常正确，玛丽。最后这一张你也一定能猜到，试试吧！

玛丽：噢，这张容易。这个"激进派（radical）"，谜底应该是根号（radical）吧。

画中词

以某种隐含的方法表示词汇的画称为谜画。你也可以试着编出一些表示其他比较熟悉的数学术语的谜画。

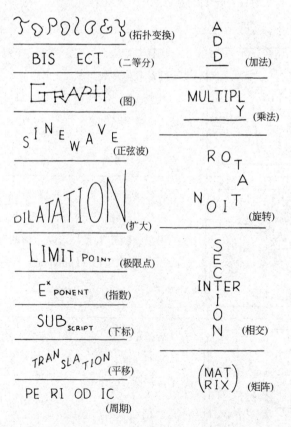

图 6-7

　　谜画的一种姊妹形式是，把一个单词写成特殊的变形，从某种角度象征该单词的含义。"数学变体"这一术语就是指利用数学单词和简单图画进行这类方式的创作。图 6-7 可说明其基本思想。"数学变体"是古老的谜画的翻新。

数学例子

　　把字、词画成表示某种意义的符号图，是现代广告的一种重要形式，特别是在电影广告中更为常见。电影片名常常被印刷成使字母象征着片名的意义（图 6-8）。艺术家也常在书的封面上用这种办法印书名。街道和公路上的交通指路牌，是用词和符号相结合，形象地表示词意的又一种实例。

英国招贴画①

图 6-8

---

　　①　"Cancer"的意义为"癌"，下面的一句话是"香烟导致肺癌"。——译注

滑稽的句子

沃德尔博士：亲爱的，下一个任务是要你告诉我，我写给你看的每个句子有什么奇特之处，答出一个可得奖金 20 元。

沃德尔博士：这是第一个句子。请仔细读一下，别再说开心话了。

玛丽：我做不到。你这样英俊潇洒，我真希望你能好好地跟我说说开心话呢！

奥德尔博士：再开玩笑，你就得不到奖金了。

玛丽：好，这个句子是回文，就像我的名字一样。从前后两个方向拼写是一样的。

沃德尔博士：很好。亲爱的，下一个句子呢？

玛丽：让我想想，这也像是一句回文，但不完全对称，唉！我知道了，把这个句子颠倒过来看是一样的。

沃德尔博士：噢，太棒了！你又说对了，再看最后一个。

玛丽：让我仔细看看这个图案，这个图中的每个词都比前一个词多一个字母。

沃德尔博士：很好！这是另外的 20 元。你准备用这些钱干什么呢？

玛丽：我今天晚上请你吃饭，然后到我家去请你看看我收藏的词典。

沃德尔博士：太好了，玛丽，这是个好主意。晚上见。现在，趁下一位嘉宾上来之前还有一点时间，我再出一个小谜题。

沃德尔博士：有一个由 5 个字母拼成的词，每个哈佛大学毕业生都把这个词念"错"，这是一个什么词？

回文种种

每种语言都有许许多多令人惊叹的回文。创造回文并不难，你自己也可以试着创造几个。下面是几个有名的例子：

A man，a plan a cana—Panama!

（一个人准备挖一条运河——巴拿马运河!）

Egad! A base tone denotes a bad age.

（哎呀! 低音调表示糟糕的年代。）

Was it a can on a cat I saw?

（这就是我看见过的货船上的盒子吗？）

Live dirt up a side track carted is a putrid evil.

（在侧轨上的车厢里装着的活垃圾是个丑陋的病魔。）

Ten animals I slam in a net.

（我把 10 个动物装在网里了。）

经典的回文是以字母为单位的，也可以以词为单位来形成回文。

下面是由英国学者林顿给出的两个很有名的例句：

（1）You can cage a swallow，can't you，but you can't swallow a cage，can you?

你能把一只燕子关进笼子，不是吗？但是你却不能吞下一个笼子，你能吗？

（2）Girl bathing on bikini，eyeing boy，finds boy eyeing bikini on bathing girl.

穿比基尼泳装洗澡的姑娘看小伙子，发现小伙子正在看洗澡的姑娘穿的比基尼。

回文的创造者们也用回文来写诗。这些回文可以以字母为单位，也可以以一个单词甚至一行句子为单位。

回文与数学图形的左右对称现象很相似。人和绝大多数动物都是左右对称的。许多人造的物体也是左右对称的，如椅子、咖啡杯和千千万万的其他东西。任何平面或三维的左右对称图形在镜子里看起来都一样。这也与回文的特性相类似，即如果使其符号的顺序倒过来的话，符号的顺序并不改变。

数字与字母一样也是符号，回文数就是从左右两个方向读起来都一样的数。一个有名的尚未得到解答的数学问题，叫做"回文数猜想"。取一个任意的十进制数，将其顺序颠倒过来，并将这两个数相加。然后把这个和数的数字顺序倒过来，将所得的数再与原来的和数相加。重复这个过程直到获得一个回文数为止。例如，对 68 这个数来说，只要 3 步就可获得回文数：

$$
\begin{array}{r}
68 \\
+86 \\
\hline
154 \\
+451 \\
\hline
605 \\
+506 \\
\hline
1111
\end{array}
$$

"回文数猜想"就是：不论开始时采用什么数，在经过有限步骤之后都会得到一个回文数。

还没有人能证明这个猜想是对的还是错的。已经知道这个猜想对于二进制计数法，或以 2 的幂为基数所表示的数是不成立的。对于用其他计数法表示的数则尚未得到证明。

有可能成为这个猜想的反例的最小十进制数是 196。计算机已对这个数进行了数十万步计算，没有获得回文数。但是还没有人能证明它永远也不会产生回文数。

数学家已经对同时也是素数（除 1 和该数本身以外没有其他因数的数）的回文数进行了研究。数学家们相信有无穷个回文素数，但是尚无法证明这一点。数学家还猜想存在无穷多个像 30 103 和 30 203 这样的回文素数对。这一对数中除了中间的数字以外其他数字都是相同的，而中间那个数字则是相邻的。

回文素数必须有奇数个数字。每个有偶数个数字的回文数都是 11 的倍数，所以不是素数。你能证明这样的数总可被 11 除尽吗？（提示：若一个数中所有偶数位数字之和与其奇数位数字之和的差是 11 的倍数的话，这个数就能被 11 除尽。）

在回文数中平方数是不胜枚举的，如 11×11=121。平方数中回文数的比例，比随意选取的整数中回文数的比例大得多。立方数也是这样。而且，回文立方数几乎肯定有一个三次方根也是回文数（如 11×11×11=1331）。用计算机对回文四次方数进行的研究表明，至今还没能找到一个四次方根不是回文数的回文四次方数。也没有人发现存在回文五次方数。数学家们猜想不存在 xk（k 大于 4）形式的回文数。

"Now No Swims On Mon."（现在星期一没有游泳。）

这个句子是已经发现的具有双重对称性的最长的句子。双重对称性就是旋转 180° 后原句不改变。具有这种性质的单词（无论是印刷体还是普通写法）很多。图 6-9 给出了几个这样的词。

"我确实不太喜欢猩猩舞。"（I do not much enjoy dancing gorillas.）这样的句式常被称作"雪球式"句式。它的特点是从第二个词开始，每个单词都比它前一个单词多一个（或几个）字母，每个词的逐渐加长就如同滚雪球一样。下面是两个更有名的例子。

MHll

chump

bunq

NOON

honey

图 6-9　方向可以颠倒的字母和单词

（1）I do not know where family doctors acquired illegibly perplexing handwriting；nevertheless，extraordinary pharmaceutical intellectuality，counterbalancing indecipherability，transcendentalizes intercommunications incomprehensibleness.

（2）I am not very happy acting pleased whenever prominent scientists overmagnifyintellectual enlightenment，stouthe-artedly out-vociterating ultrareactionary retrogressionists，characteristically un-supernaturalizing transubstantiatively philosophicoreligious incompre hensiblenesses anthropom-orphologically.

（1）我不知道家庭医生从哪里得到了不但模糊不清而且复杂难辨的以手写方式开的处方。然而出色的配药能手却凭借他的与医生之间那种难以理解的职业沟通方式解决这个几乎无法解决的难题。

（2）有些杰出的科学家有时会过分夸大智力超常开发的意义，我对此深表不以为然，因为那些勇敢地站出来反对超常反应的"非超常人士"明明白白地从人类的生物多态性的角度指出，他们说的哲学信仰虽难以理解，但并非无法理解。

沃德尔博士最后一个问题的答案是：那个由 5 个字母构成的、哈佛大学的学子都要念错的单词是"错"（wrong）。这是很容易让人的思路误入歧途的。"加利福尼亚人说'最好'的词是什么？""在所有 7 个字母组成的单词中，哪一个拼写'最容易'？"凡此种种。

诺斯姆·金

下一个嘉宾是新泽西州哈克特香烟公司的总经理诺斯姆·金（Nosmo King）。你仔细看一看他的名字有没有什么滑稽之处呢？

如果改变一下姓与名之间的间隔的位置，诺斯姆·金（Nosmo King）就变成了"No Smoking"（请勿吸烟）。

字符间隔

虽然这种事很平常，但是说明了"间隔"就像一种符号一样，对于正确理解句子是颇为重要的。词与词之间的间隔所起的作用与括号、空格、零等数学符号的作用相似。稍微改变一下一个符号的位置，常常就会使数学表达式的意义与原来的完全不同。这与前面"请勿吸烟"的例子相似。

许多词若被分割成两部分就会改变原来的意义。例如，把

Nowhere（什么地方都不）分成两部分就会变成 Now here（现在在这里）。刘易斯·卡罗尔写了一个小故事，说的是有一个人以为他看见一块招牌上写的是 Romancement（空想），可是实际上招牌上写的是 Roman Cement（天然水泥）。

下面是一个古老的招牌谜语，这个招牌是马车时代挂在村庄的大街后面一个驿站的架子上的：

TOTI　EMU　LESTO

你能通过改变间隔的位置使这个句子变得有意义吗？[①]

很久以前就有一种有名的谜语是找出隐匿在句子中的名字，这种谜语就是以这种方式构成。例如，一个州名及其首府名就隐匿在下面的句子中：

Can Eva dance outside，with cars on city streets？

（在城市街道上有汽车时伊娃敢在外面跳舞吗？）

在该句中隐含的词是"Nevada"（内华达州）和"Carson City"（卡森市）。

看看你能不能从下面的句子中找出暗藏在文字中的某个州及其首府的名字。

Al，ask Anne and June a useful question!

Ken，tuck your shirt in and be frank，forthright，and courageous.

Go north，Carol，in a car owned by Flora Leigh.

Are you afraid a hobo is entering your house？

This is where I connect，I cut the hart for dinner.

（1）喂，请给安妮和珍妮提点有用的问题。

文字中暗藏着阿拉斯加州 ALASKA 和首府朱诺 Juneau。

---

① 原意是 TO TIE MULES TO（系骡子处）。——译注

（2）肯，爽快点，痛快点，勇敢点，把你的衣角塞到裤子里边。

文字中暗含着肯塔基州 KENTUCKY 和首府法兰克福 Frankfort。

（3）开罗坐在佛罗里·雷斯的轿车里向北驶去。

文字中暗含着北卡罗来纳州 NORTHCAROLINA 和首府罗利 Raleigh。

（4）你不怕流浪汉闯进你的房子吗？

文字中暗含着爱达荷州 IDAHO 和首府博伊西 Boise。

（5）这就是我联系的地方，我杀了母鹿准备晚宴。

文字中暗含着康涅狄格州 CONNECTICUT 和首府哈特福德 Hartford。

数学术语也比较容易暗含在文字中。例如：

A happy ram identifies a good farm.

（快乐的牧羊人能识别出好牧场。）

文字中暗含着立体几何中的一个熟知的名词"棱锥体"（pyramid）。

甚至我们可以创造出许多这样的句子。在这样的句子中，一些暗含的词汇能够组成一个新的句子；去掉那些暗含的词汇后剩下的词又可以构成一个新的句子，即原来的一个句子能产生两个新句子。例如：

Hone shallowed feather acornswise rest rained.

其中斜体印刷的词组合在一起，成为"on all the corn is rain"（庄稼在享受雨的滋润）。去掉这些斜体字之后，剩下的部分组成的句子是"He showed fear as we rested"（我们凝视他时，他显得有些害怕）。

这类重组式的句子，在算术式中也可以找到。例如：

15+11=26

式子中暗含着 5+1=6 和 1+1=2。认真琢磨一下，你可能会编制出更精彩的句子。

方形家谱

沃德尔博士：诺斯姆，你回答第一个问题，若能答出奖赏 6 盒高级古巴雪茄。

这张方形卡片包含了一家四口的名字。

沃德尔博士：在卡片上画 3 条直线把每个名字隔离在单独的区域里，这是不难做到的。但你能够画 2 条直线就把每个名字隔离在单独区域内吗？

金先生静静地吸着他的雪茄，直到规定的时间过去了，他才说话。

金先生：这是办不到的。

沃德尔博士：太遗憾了，金先生，可能是雪茄的烟雾把你的大脑熏得迷糊了。你看，这样一画，多么简单。

直线与等分

解决这个问题的关键在于每个名字都可以分成两部分，可用不同方法将各部分重新组合成同样的 4 个名字。

以这种画直线的方法为基础，还可以编造许多类似的难题、趣题。比如，在图 6-10 中有 7 个圆。你能够在该图上画 3 条直线使每个圆都在一个单独的区域吗？解决这个问题的窍门是，每个区域不必为矩形，用这样的方法画 3 条直线可以最多产生 7 个单独的区域。

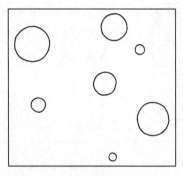

图 6-10

把这一结果加以推广，可用数字来代替图中的圆，这时的难题是：画几条直线使每个区内的数字之和相等。或者使每个区内的数字总和有一些其他共同特性。你可在图 6-11 上用这种划分法试试。例如，要求画 4 条直线使得每一区内有相同的"和数"10。解决这个问题的方法见书末答案（14）。

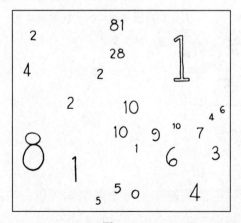

图 6-11

酒馆的招牌

沃德尔博士：我再给你一个赢得 6 盒雪茄的机会。一家酒馆的窗户上有这样一块招牌："What Do you Think if You're under 18 we 11 serve You a Drink"（如果你不满 18 岁，我们就给你酒喝，你会怎么想？）

沃德尔博士：可是当一些 18 岁以下的青年进去后，却由于违反了章程而被赶了出来。

沃德尔博士：酒馆老板说在这个招牌上油漆匠漏掉了一个感叹号和一个问号。你的任务是补上这两个标点符号，使得招牌能表达老板的原意。

但是诺斯姆连一个标点符号都补不上去。沃德尔博士只得做给他看：What! Do you think if you're under 18 well serve you a drink?（什么！你认为如果你未满 18 岁，也会给你酒喝吗？）

标点与符号

通过改变标点符号而使没有意义的陈述变得有意义，这样的谜语在以往的许多谜语书中都可以找到。下面是一首看似不可理喻荒诞不经的诗，诗的大意是：

Though seldom from my yard I roam，

I saw some queer things here at home.

I saw wood floating in the air；

I saw a skylark，bigger than a bear；

I saw an elephant with arms and hands；

I saw a baby breaking iron bands；

I saw a blacksmith，weighing half a ton；

I saw a statue sing and laugh and run；

I saw a schoolboy nearly ten feet tall；

I saw an oak tree span Niagara fall；

I saw a rainbow，black and white and brown；

I saw a parasol walking through the town；

I saw a politician doing as he should；

I saw a good man—and I saw some wood.

虽然很少在花园中信步，

但在家里我看到了一些不寻常的事。

我看到树林在空中掠过；

我看到比熊还大的云雀；

我看到大象长着手和臂膀；

我看到婴儿敲开铁箍；

我看到半吨重的铁匠；

我看到雕像唱歌欢笑和跑步；

我看到近 10 英尺（3.05 米）高的小学生；

我看到一棵橡树横跨尼亚加拉瀑布；

我看到彩虹是由黑白棕色组成的；

我看到小镇上走动的遮阳伞；

我看到一个悠闲地做事的政治家；

我看到一个男人；

我看到一片树林。

如果将分号移到下一行的中间，那么这首诗便是一首优美的风景诗：

I saw wood；我看到树林；

floating in the air I saw a skylark；我看到一只云雀在空中掠过；

bigger than a bear I saw an elephant； 我看到大象比熊还大；

with arms and hands I saw baby；我看到有手有胳膊的婴儿；

breaking iron bands I saw a blacksmith；我看到铁匠敲开铁箍；

weighting half a ton I saw a statue；我看到一尊塑像有半吨重；

sing and laugh and run I saw a schoolboy；我看到一个小学生又唱又笑又跑；

nearly ten feet tall I saw an oak tree；我看到一颗橡树有 10 英尺高（约 3 米）；

span Niagara fall I saw a rainbow；我看到一条彩虹横跨尼亚加拉瀑布；

black and white and brown I saw a parasol；我看到一把遮阳伞有黑、白和棕三种色彩；

walking through the town I saw a politician；我看到一个政治家走过小镇；

doing as he should I saw a good man；我看到一个好男人做他愿做的事；

and I saw some wood.我看到树林。

这样的例子还有许多。

同样也有这种形式的数字谜。例如，有一个不正确的等式如下：

1+2+3+4+5+6+7+8+9=100

现在要求改变等式左边的"运算符号"使等式得以成立。只能使用加号和减号，但是可以改变数字之间的间隔，以形成较大的数。下面就是该例题中只用 3 个运算符号时的唯一解法：

123−45−67+89=100

加减号最多的解是：

1+2+3−4+5+6+78+9=100

还有 9 种其他解法：

123−45−67+89=100

123+4−5+67−89=100

123+45−67+8−9=100

123−4−5−6−7+8−9=100

12−3−4+5−6+7+89=100

12+3+4+5−6−7+89=100

1+23−4+5+6+78−9=100

1+2+34−5+67−8+9=100

12+3−4+5+67+8+9=100

1+23−4+56+7+8+9=100

1+2+3−4+5+6+78+9=100

也可提出数字按递减顺序排列的同类问题。如果像前面那样禁止在第一个数字前使用负号的话，这个问题就有 15 个解：

98−76+54+3+21=100

9−8+76+54−32+1=100

98−7−6−5−4+3+21=100

$$9-8+7+65-4+32-1=100$$

$$9-8+76-5+4+3+21=100$$

$$98-7+6+5+4-3-2-1=100$$

$$98+7-6+5-4+3-2-1=100$$

$$98+7+6-5-4-3+2-1=100$$

$$98+7+6-5-4-3+2+1=100$$

$$98-7+6+5-4+3-2+1=100$$

$$98-7+6-5+4+3+2-1=100$$

$$98+7-6-5+4+3-2+1=100$$

$$98-7-6+5+4+3+2+1=100$$

$$9+8+76+5+4-3+2-1=100$$

$$9+8+76+5-4+3+2+1=100$$

若第一个数字前允许使用负号，则按递减顺序还有 3 个解：

$$-9+8+76+5-4+3+21=100$$

$$-9+8+7+65-4+32+1=100$$

$$-9-8+76-5+43+2+1=100$$

若第一个数字前允许用负号，则按递增顺序还有 1 个解：

$$-1+2-3+4+5+6+78+9=100$$

当然，对于一般情况"标点符号"可以不限于加号和减号，右边的和数也可以不是 100。例如，和数可以是某人的年龄，或者你喜欢的其他任何数。

试试看你能否在下述等式中只加一对括号就使其成立？

$$1-2-3+4-5+6=9$$

答案见书末答案（15）。

隐蔽的符号

沃德尔博士：金先生，我们现在准备给你看3 张奇怪的符号图。每张图中隐藏着一个词。猜出其中任何一个词就可得到这些雪茄。这是第一个，你能看出结果来吗？

金先生：我看不出，结果是什么呢？

沃德尔博士：这是你的大名诺斯姆（Nosmo）。我把你的名字像湖中的倒影那样映射在一条直线之下，就构成了这个符号。

沃德尔博士：好，第二张你能看出来吧？

沃德尔博士作解释时，金先生只是摇头。

沃德尔博士：这次的符号是使每个字母相对于垂直对称轴映射而形成的，这是单词 KING，即你的姓啦！你瞧多简单啊！

金先生：这对我来说并不那么简单。

沃德尔博士：好，这是最后一张图。你还有一次机会。

金先生还是回答不出来，沃德尔博士只得在符号上下加两条黑线，便现出"SMOKE"（吸烟）这个词。

对称游戏

在第一组怪符号中，每个字母都以一条水平直线为对称轴映射到直线下面。注意，"NOSMO KING"中的某些字母倒映后不变。"O""K"和"I"等字母都具有水平对称轴。

在第二组符号里，每个字母以铅直线为对称轴作映射，映射后某些字母也不改变，"O""M"和"I"等字母都具有垂直对称轴。由于"O"和"I"具有两种对称轴，因此用一面镜子在上、下或左、右映射时，这两个字母都不变。如果有兴趣的话，你可以分析一下字母表中所有的字母（大写和小写字母），看看每个字母具有哪种对称性。

你能够构造出一个在镜子映射下不变的词吗？可以的，"CHOICE"（选择）就是数百个这类词中的一个。是否有在竖排时对镜子映射时不变的词？有"TOMATO"（西红柿）就是数百个这类词中的一个。

至少具有一条对称轴的平面图形，在镜子里生成的图像与原图形是一样的，虽然有时必须把一个图像旋转一下，使原图形及其映像的方向一致。任何具有对称平面的立体图形在镜子里看起来是一样的。其原因是对称面把这类物体从头到脚截成了两半。

可以设计出许多有趣的、与前面两个镜像谜语相仿的谜语。例如，下面这些图形是什么内容？

下面这几个图形更难辨认：

字母"SMOKE"是以完全不同的办法隐蔽的。我们一般习惯于从黑体的线条中去辨认图形，而不从黑色线条所围成的白色区域中寻找图形。这就像看照相底片一样。若不在该词上、下画上水平边界的话，则很难看出这个词。读者可以试着以同样的方式画出其他的词来。

镀金的 TUITT

沃德尔博士：金先生，很抱歉，你无法赢得这些雪茄了。鉴于你如此喜爱运动，我特意为您准备了这镀金的"tuitt"。

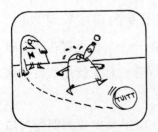

金先生：谢谢！沃德尔博士。可是在这个世界上什么叫"tuitt"呢？

沃德尔博士：你有没有总愿意去做的事情？只要你能接触到它的话。

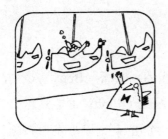

金先生：是的。我总是想学学怎样开飞机。

沃德尔博士：太好了！现在你得到了一个圆形的"tuitt"。金先生，你真是好运气。谢谢你能和我们的想法一致。

沃德尔博士：在下一位嘉宾尚未到来的时候，我想给观众看一件东西。这是我去年寄给我所有的朋友的贺年片，你能发现其中的秘密信息吗？

弗罗·斯特菲

出席这个节目的最后一位嘉宾是弗罗·斯特菲（FLO STUVY）小姐。你认为是出于什么原因选她作为选手呢？

她的名字是按字母表的顺序排列的，像她这样的名字是不容易找到的。你可以试试在电话簿里能找到多少这样的名字。

寻人广告

按字母顺序排列的名字是不容易找到的。贝蒂（Betty）是个较常见的名字。估计艾比·F.吉劳特（Abbe F. Gillott）可能是这类名字中字母排列最长的一个。你能找到一个由 4 个以上字母按顺序组成的单词吗？"Billowy"（巨浪似的）可能是最长的单词之一。像 "Dirt"（灰尘）之类的短词是很容易找到的，但是发现较长的词就难得多。

有时我们会看到有些诗的排列是按词的第一个字母，即按从 A 到 Z 的规律写成的。其中最好的一首是《木母鸡和其他驯服动物》一书中约翰·厄普蒂克斯的诗——《能力》。

奇妙的字母序列

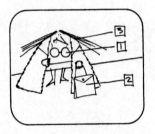

沃德尔博士：斯特菲小姐，你是一个习惯于动脑子的姑娘，我们准备给你看 3 个字母序列的问题。解答出 1 个问题可奖给 1 件游泳衣；解答出 2 个可再得到 1 个皮包；3 个问题都解答出来还能得到 1 件貂皮外套。

沃德尔博士：这是第一个问题。请注意，有些字母是红的，其余的是蓝的。画家是按什么规律把字母分成两种颜色的？

斯特菲小姐对这些字母进行了认真的研究。

斯特菲小姐：我知道了！每个红字母至少有一条曲线笔画，而蓝色字母完全是由直线构成的。

沃德尔博士：你赢得了游泳衣，斯特菲小姐。现在来争取这个皮包吧！看这张卡片，这些字母分成红色和绿色的原则又是什么？

斯特菲小姐：让我想一下，这次既不是按直线、曲线分的；也不是按有没有圈划分的；又不是按声韵划分的。噢，我知道其中的奥妙了。红色字母在拓扑学上是等价的，都相当于一条直线。

沃德尔博士：说得很对，斯特菲小姐。现在再来夺得这件貂皮外套吧！你能否把图中列出的一串字母去掉 6 个字母，使剩下的一组顺序字母能拼成一位著名诗人的名字？

斯特菲小姐冥思苦想了一会儿。然后她干净利索地去掉了 S-I-X-L-E-T-T-E-R-S（6 个字母），答案是 "JOHN MILTON"[①]。

斯特菲小姐由于得到了这些礼物而高兴得与沃德尔博士紧紧地拥抱在一起。

字母的拓扑学

第一个问题是根据直线和曲线之间的几何差异而划分的。第二个问题是以简单的开口曲线和闭合曲线或分支曲线的拓扑学差异为基础划分的。

我们姑且把大写字母看成是由可以伸缩的弹性材料做成的，甚至还可以从一个平面里取出放到另一个地方去。如果一个字母可以通过这样的变形过程变成另一个字母，则这两个字母在拓扑学上就是等价的。当然不允许把字母分成两半，或者把一个字母的一部分连到该字母的其他地方去。把所有大写字母分成拓扑等价的几类，是一个富有趣味性的练习。

例如，E、F、Y、T 和 J 在拓扑学上是等价的，但是 K 和 X 属于另一类，这两类是不同的。同样可以对小写字母及数字进行分类，但是必须注意各字母印刷体的形状差异。

---

① 约翰·弥尔顿（John Milton），英国著名诗人。这里共去掉的 10 个字母可组成词组 "Six Letters"（不同的只有 6 个字母）。——译注

最后的单词

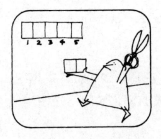

沃德尔博士：观众们，现在我把另外 3 个问题留给你们。第一个问题是：哪个由 5 个字母构成的单词加上两个字母后变得更短了？

第二个问题是：哪个由 4 个字母组成的词是以 "ENY" 为结尾的？

第三个问题是：你能否想出一个只有 1 个元音却由 9 个字母组成的词？

沃德尔博士：今晚"沃德尔"节目到此为止。你们是些了不起的观众，下星期我们在这个频道和这个时间里再见。

结束语

这些问题回答如下：

（1）short（短）加上"er"两个字母之后，就变成 shorter（更短）了。

（2）以"eny"结尾的 4 个字母组成的词是"deny"（否认）。

（3）只有 1 个元音而由 9 个字母组成的词，实际上在图中已有提示，这个词就是"strengths"（力量）。

下面还有一些类似的文字游戏：

①猜 1 个以 10（不是数学上的 10）开头的地名。

②猜 1 个以 10 结尾的地名。

③把单词 CHESTY 中的字母重新排列成一个新的 6 个字母的单词。

④读下面的诗句，使它的韵律正确。

There was an old lady and she was deaf as a post.

⑤下面哪个词不属于同一类的词？

Uncle

Cousin

Mother

Sister

Father

Aunt

⑥下面每对字母代表什么？

ST　ND　RD　TH

⑦读下面的两个句子。

WETHER

答案见书后附录答案（16）。

●附录

答案

（1）奇妙的剖分

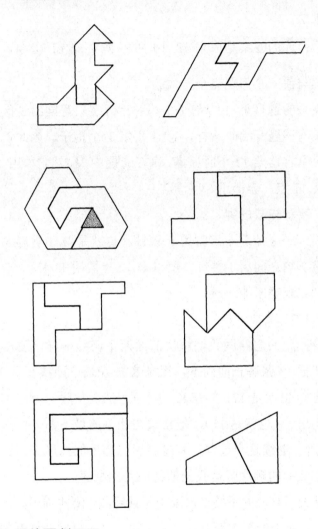

（2）唱片要割开吗

42

（3）眼睛与腿

提示：解决问题的关键在于想到有些动物，如蛇是没有脚的，考虑到这点后，问题便迎刃而解：4 个四脚动物，2 个两脚动物，5 条蛇。

（4）吓人的碰撞

逆推法。

提示：你的答案是原来 12 小时的 $\frac{1}{3}$ 吗？即 $12÷3=4$，那就错了。答案与前一个问题完全一样。

在原来的题目里，1 个孢子 1 小时后分裂成等同的 3 孢子，这时的情况与该题开始时一样，容器里有 3 个孢子。因此，如果原来的题目里容器要 12 小时盛满，则在该题中，显然它少用 1 小时，即在午夜 11 点，容器正好盛满。

（5）亨利叔叔的钟

提示：一座钟敲 6 点时用 5 秒钟，也就是敲 6 响需 5 秒钟。显然每敲 2 响之间用 1 秒钟，所以敲 12 点要用 11 秒。

亨利叔叔睡了 40 分钟。

（6）1776 精神

解决此题的思路同我们解决前面两个问题一样，要从后向前推算，即把 13 张牌正面向下，黑桃 K 放在最下面摞在一只手上，从中挑出 Q 也就是 12，放在 K 的下面；然后从底向上翻 12 张牌，再从中挑出 J（也就是 11），把它放在扑克的最下面，再从底向上翻 11 张牌，继续这个过程，有时会出现相反的约瑟夫斯计数，最后，手上纸牌的顺序就是我们期待的正确顺序。

约瑟夫斯算法并不要求局限于连续整数。刚才描述的排列一叠牌的程序，对于约瑟夫斯算法，其中的数是可以完全任意的。那就是说，他们可以是随便什么数，并可以按随心所欲的顺序排列。

这一点可用下面的游戏来明确论证。游戏仍然使用前面用过的 13 张纸牌。但是，这次我们用拼出每一张牌的名字来代替计数，对每一个字母从上往下移一张牌。开始把纸牌按从上到下排列成：Q、4、A、8、K、2、7、5、10、J、3、6、9 的顺序。拼 A—C—

E 时，把牌一张接一张地从上往下移，到 E 这张牌时，将它翻转向上，它正是 A，把 A 放在一边。接着拼 T—W—O（2），这样继续下去，直到把 13 张牌都拼完为止。

这些牌开始时的排列顺序同样是按上面描述过的同样的反序推算得出的。事实上，可以把全部 52 张牌按上述方法排列，利用每张牌全名，例如 A—C—E—O—F—S—P—A—D—S（黑桃 A）然后比方说取黑桃、红桃、方块、草花这一顺序，依次拼出 52 张牌。

约瑟夫斯算法程序的用途十分广泛。比方说，你可以用一些卡片，画上你喜爱的任何图形——动物、风景区、人物等。根据反推的办法排成次序，然后拼出每张画片的名字，使卡片总是按相应的顺序出现。

（7）六道诡秘的谜题

① 顾客在发现苍蝇前已往汤中加了盐。

② 海水永远也到不了舷窗，因为船随水的涨落而升降。

③ 索尔·伦尼牧师在河上行走的时候，哈得逊河已经结冰。

④ 一辆火车经过隧道 1 个小时后，另一辆火车才刚刚经过隧道。

⑤ 逃犯当时正走在大桥上，为了尽快地走出这座桥逃进森林，他必须朝正向他驶来的警车跑一段，以冲出桥头夺路逃走。

⑥ 1977 美元的价值为 1977 美元，而 1976 美元只值 1976 美元。

（8）一次大盗窃

如果你熟悉盒式磁带录音机，就会知道当史密斯进入房间后琼斯已停止录音，磁带是不会倒转的。真正的凶手一定会反复听录音，直到确信声音逼真为止，这样他就犯下了一个不可避免的错误，使倒带的痕迹留在了磁带上。

（9）艾奇博士的测验

① 在你扔出火柴前，先在中间处把火柴折弯。

② 将细沙慢慢倒入洞中，使小鸟上升到顶部。

③ 在绳子中央形成一个小环，在其底部打一结，再剪断小环。

④ 将那根木棒锯下 20 厘米长的一段，这段木棒的纵切面就是长 20 厘米、宽 50 毫米（或 5 厘米）的长方形，因此，用它正好堵住漏洞。

⑤ 用尺子测量出瓶子的直径和酒的高度，因酒所占体积呈圆柱体，所以很容易算出它的体积。再将瓶上下颠倒，现在空气所占空间形成一个较矮的圆柱体，同样，通过测量也易得出它的体积。把空气形成的圆柱形体积加上含有酒的圆柱形体积，就是瓶子的整个容积。现在，酒占瓶子的百分比就很容易求出了。因为两个圆柱体的直径相同，事实上，仅测量一下它们的高度，就可知道百分比为多少了。

（10）理发店的挑战

① 他建议每个人都驾别人的汽车，这样亿万富翁的奖金将赏给最后驶到终点的汽车的主人，当然不是给比赛中亲自驾驶此车的人。

② 在一只装了水的杯子下面点燃火柴。

③ 那个影院是专供驾车人观看电影的露天影院。

④ 他走进另一个房间，再用四肢着地，爬入房内到达瓶子处。[1]

⑤ 任何篮球比赛，在比赛开始前都是零比零。

⑥ 此人是一位牧师。[2]

---

① 奎伯教授巧妙地利用了语句的停顿，他说的是"crawls into it"（爬进（瓶子）去）但他做的是"crawls in, to it"（爬进去，并走近它（瓶子））。——译注

② 英语"married"有两个意思，一个是"与……结婚"，另一个是"为……主持婚礼"。——译注

⑦ 这只鹦鹉是聋的。

⑧ 把塞子推进瓶里去。

（11）太阳峡谷谋杀案

① 外科医生是男孩的母亲。

② 法国人吻了一下自己的手，紧接着打了纳粹军官一拳。

（12）喷泉旁的险剧

① 奴隶把盒子上下颠倒，然后滑动底盖到足以使几颗钻石落出为止。

② 那位女士是步行的，并没有驾车。

（13）最小的纵横字谜

沃德尔博士的答案是："NEW DOOR"可重排为"ONE WORD"。

（14）方形家谱

4 条直线将图 6-11 分成 11 个区域，如下图所示：

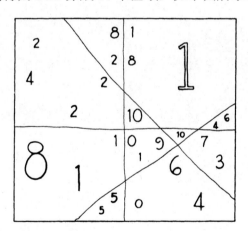

（15）酒馆的招牌

1−（2−3+4−5）+6=9

（16）最后的单词

① Iowa（艾奥瓦，美国州名）

② Ohio（俄亥俄，美国州名）

③ Scythe（镰刀）

④ There was an old lady and she was deaf as a P.O.S.T.

⑤ Cousin（堂兄妹）——这是其中唯一的一个没有确定性别的词。

⑥ 它所代表的单词分别是"first""second""third"和"fourth"。

⑦ All between us is over now. A bad spell of weather.